"十二五"职业教育国家规划教材

经全国职业教育教材审定委员会审定

图形图像处理

（Photoshop CS6）

（第2版）

温 晞 ◎ 主 编

陈健勇 ◎ 副主编

电子工业出版社.

Publishing House of Electronics Industry

北京·BEIJING

内 容 简 介

本书从应用层面出发,采用模块化编写体系,紧密围绕实际工作任务,将知识模块细分为 7 个项目、24 个任务,内容包括 Photoshop CS6 概述、图像素材的选取、图像的编辑与修饰、图形图像的绘制、背景特效及材质制作、文字的制作与处理和综合实例等。全面介绍了 Photoshop CS6 的基本操作方法和图像处理技巧。突出培养学生二维平面图形图像处理的综合能力和设计思维,为后续的专业课程奠定图像处理和平面设计基础。

本书可以作为职业院校相关专业教材使用,也适合 Photoshop 图像处理爱好者及平面设计、广告设计、网页制作、插画设计、包装设计、影视动漫等领域的工作人员阅读。

图书在版编目(CIP)数据

图形图像处理:Photoshop CS6 / 温晞主编. —2 版. —北京:电子工业出版社,2024.1

ISBN 978-7-121-47192-6

Ⅰ. ①图… Ⅱ. ①温… Ⅲ. ①图像处理软件—中等专业学校—教材 Ⅳ. ①TP391.413

中国国家版本馆 CIP 数据核字(2024)第 031821 号

责任编辑:寻翠政

印　　刷:天津千鹤文化传播有限公司

装　　订:天津千鹤文化传播有限公司

出版发行:电子工业出版社
　　　　　北京市海淀区万寿路 173 信箱　邮编　100036

开　　本:880×1 230　1/16　印张:16.5　字数:380.2 千字

版　　次:2016 年 7 月第 1 版
　　　　　2024 年 1 月第 2 版

印　　次:2024 年 8 月第 2 次印刷

定　　价:48.00 元

凡所购买电子工业出版社图书有缺损问题,请向购买书店调换。若书店售缺,请与本社发行部联系,联系及邮购电话:(010)88254888,88258888。

质量投诉请发邮件至 zlts@phei.com.cn,盗版侵权举报请发邮件至 dbqq@phei.com.cn。

本书咨询联系方式:(010)88254591,xcz@phei.com.cn。

为建立健全教育质量保障体系，提高职业教育质量，教育部于 2014 年颁布了《中等职业学校专业教学标准（试行）》（以下简称专业教学标准）。专业教学标准是指导和管理中等职业学校教学工作的主要依据，是保证教育教学质量和人才培养规格的纲领性教学文件。在"教育部办公厅关于公布首批《中等职业学校专业教学标准（试行）》目录的通知"（教职成厅〔2014〕11 号文）中，强调"专业教学标准是开展专业教学的基本文件，是明确培养目标和规格、组织实施教学、规范教学管理、加强专业建设、开发教材和学习资源的基本依据，是评估教育教学质量的主要标尺，同时也是社会用人单位选用中等职业学校毕业生的重要参考。"

本书的编写及课程设计坚定贯彻党的二十大精神，坚持为党育人、为国育才，着力培养德技并修的技术技能型创新人才，以学生的政治认同、国家意识、文化自信、人格养成教育为导向，与课程中固有的知识和技能传授有机融合，在润物无声中提高学生的专业素质和思想政治素质，促进学生全面发展。

本书特色

本书根据教育部颁发的《中等职业学校专业教学标准（试行）信息技术类（第一辑）》中的相关教学内容和要求编写。

全书分为 7 个项目，每个项目均由"任务"导入。在实例讲解上，本书采用了统一、新颖的编排方式，每个任务都包含"学习目标""准备知识""任务描述""任务实现""任务回顾""实战演练" 6 个部分，这 6 个部分说明如下。

✓ 学习目标：使学生对本任务的学习内容有整体的了解。

✓ 准备知识：对即将要制作的任务，所要运用的知识进行描述。

✓ 任务描述：列出该任务的名称，针对该任务的设计思路、制作方法进行分析。

✓ 任务实现：详细写出任务的实现过程。

✓ 任务回顾：针对任务中出现的一些疑难、重点知识点进行讲解。

✓ 实战演练：针对本任务的知识点而给出一些实战练习题目。

所选的实例具有一定的代表性，包含效果、知识点、实现步骤和知识拓展等内容，内容由浅入深、由易到难、循序渐进，实用和技巧相结合，体现了先"行"后"知"的教学思想。学生通过实例操作，在实践中理解、掌握知识点，不但能够快速入门，还可以达到较高的操作水平。

　　本书内容包括 Photoshop CS6 概述、图像素材的选取、图像的编辑与修饰、图形图像的绘制、背景特效及材质制作、文字的制作与处理和综合实例等，全面介绍了 Photoshop CS6 的基本操作方法和图像处理技巧，突出培养学生二维平面图形图像处理的综合能力和设计思维，为后继的专业课程奠定图像处理和平面设计基础。

本书作者

　　本书由温晞主编、陈健勇担任副主编。项目 1（任务 1）由周菁秀编写，项目 1（任务 2、3）、项目 3（任务 1）由陈健勇编写，项目 2、项目 6 由温晞编写，项目 3（任务 2、3）、项目 5 由杨岚编写，项目 4（任务 1、3）由黄志编写，项目 4（任务 2、4）由梁巧珍编写，项目 7（任务 1、2）由洪波编写，项目 7（任务 3、4）由何颖佳编写，全书由温晞统稿。本书在编写过程中得到了广州市旅游商务职业学校、广州市信息技术职业学校、广州市医药职业学校、珠海市第一职业学校、广州笔头工作室及电子工业出版社大力支持和帮助，在此表示衷心的感谢！由于作者水平有限，书中难免会出现错误有不妥之处，恳请广大师生和读者批评指正。

教学资源

　　为了提高学习效率和教学效果，方便教师教学，本书还配有电子教案、教学指南、素材文件、微课，以及习题参考答案等配套的教学资源，请有此需要的读者登录华信教育资源网（http://www.hxedu.com.cn）免费注册后进行下载，有问题时请在网站留言板留言或与电子工业出版社联系（E-mail:hxedu@phei.com.cn）。

编者

CONTENTS **目 录**

Photoshop CS6 概述

Photoshop 是 Adobe 公司推出的优秀的图像处理软件，作为图形图像处理领域的专业软件，应用领域涉及平面设计、产品包装、网页设计、效果图制作等。其强大的功能为用户提供了广阔的创作空间，受到广大平面图形设计人员及专业广告设计师的青睐。本项目主要介绍 Photoshop CS6 的工作界面、图像处理的概念，以及关于 Photoshop CS6 常用预置参数的设置。

任务 1　认识 Photoshop CS6 工作界面

 学习目标

- ➤ Photoshop CS6 的操作界面
- ➤ Photoshop CS6 的基本操作
- ➤ 图层的基础
- ➤ 图形存储的格式

图形图像处理（**Photoshop CS6**）（第2版）

准备知识

1. Photoshop CS6 工作界面介绍

Photoshop CS6 的工作界面由菜单栏、工具选项栏、工具箱、文档窗口、调板组等组成，如图 1-1-1 所示。

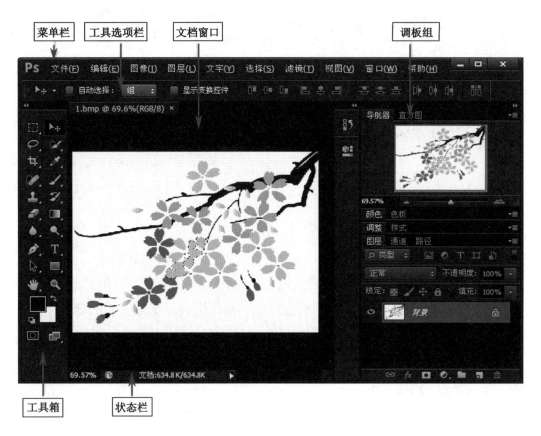

图 1-1-1　Photoshop CS6 工作界面

（1）工作界面的组成

- 菜单栏：菜单中包括了多数命令，菜单是按主题进行组织的，包括文件、编辑、图像、图层、文字、选择、滤镜、视图、窗口和帮助等菜单。
- 工具选项栏：显示当前使用工具的参数选项，进行图像处理时，选择不同的工具，选项栏会显示相对应的参数。
- 工具箱：工具箱中提供了创建和编辑图像的各种工具，方便用户对图像进行处理。
- 文档窗口：进行图像处理的工作区。打开一个图像文件会打开一个文档窗口，在窗口状态栏上显示图像文件的文件名、显示比例、颜色模式等相关信息。
- 调板组：帮助用户监视、修改图像。既有垂直停放的面组，也有停放折叠为图标的调板。调板可以移动、重新排列与移除。

（2）菜单命令

Photoshop CS6 能用到的命令，都可以直接通过单击菜单中各选择项得到所要执行的命令，如图 1-1-2 所示。

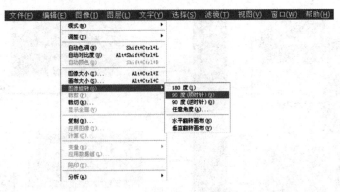

图 1-1-2　Photoshop CS6 菜单命令

菜单的符号和状态说明如下。

● 菜单命令后的，表示该菜单命令下还有级联菜单，选择此菜单可弹出下级子菜单。

● 菜单命令后的　，表示执行该菜单命令后会打开一个对话框。

● 菜单命令为灰色，表示当前编辑状态不能使用。

● 菜单命令前面显示 √，表示该菜单项已选定，再单击则可取消选定。

● 菜单名右侧的是组合键名称，表示执行此菜单的热键。

（3）工具选项栏

工具选项栏会随不同的工具而改变。选项栏上的某些设置（如绘画模式和不透明度）是几种工具共有的，而有些设置则是某一种工具特有的。选项栏既可以在工作区中移动，也可以停放在屏幕的顶部或底部。将指针悬停在工具上时，将会出现工具提示。

执行"窗口→选项"命令可以设置显示或隐藏选项栏。

（4）工具箱

工具箱默认位于工作界面的左侧，如图 1-1-3 所示。单击工具栏上的图标，可以在双排和单排之间随意切换。工具箱将相关工具编为一组，将鼠标指针放在任何工具上，工具的名称将出现在鼠标指针下方的工具提示中。工具箱中有文字、选择、绘画、绘制、取样、编辑、移动、注释和查看图像等工具；还有工具可更改前景色/背景色，转到 Adobe Online 及在不同的模式中工作。

工具图标右下角带有黑色小三角按钮符号的表示是一个工具组，隐含了其他工具，单击小三角图标，可以展开工具组进行选择。

（5）调板

调板又称为控制面板，整齐地排列在窗口的一侧，是图像处理的重要辅助工具，主要用于编辑及修改图像。

调板可以拆分、组合和移动、展开和收缩。每个调板的右上角都有菜单按钮，单击该按钮可打开该调板的菜单。执行"窗口"菜单相关的命令可打开和关闭对应的调板，还可以单击调板右上方的最小化按钮将调板收缩。执行"窗口→工作区→复位调板位置"命令可将工作界面中的各个调板的格局恢复到默认状态。

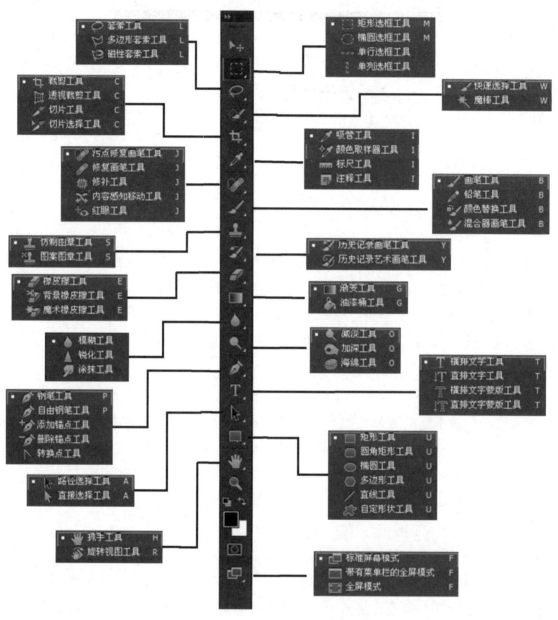

图 1-1-3　Photoshop CS6 工具箱

2. 图像的基础知识

计算机中的图像分为矢量图和位图两种类型。图像可以保存为多种图像文件格式。

（1）像素

能单独显示颜色的最小单位或点，称为像素点或像素。像素是图像组成的最小单位。像素尺寸与分辨率有关，分辨率越小，像素尺寸越大。图像文件的像素越多，图像呈现越细腻、自然，但图像也会越大。如图 1-1-4 所示，图像中的一个个色块即像素。

（2）位图

位图图像又称为点阵图像，它是由一系列像素点组成的图形。位图图像的画面效果更富表现力。一般单位面积内所含的像素越多，图像就越清晰，颜色之间的混合也就越光滑。由于位图是由许多像素点组成的，而点与点之间有一定间隙，因此位图不能达到一种连续的效果，尤其在放大的情况下，位图图像的边缘呈锯齿状，可以看见构成整个图像的无数像素方块，如图 1-1-5 所示。

使用数码照相机拍摄的照片，扫描的图片，在计算机屏幕上抓取的图像等都属于位图。位图图像最显著的特征就是它可以表现颜色的细腻层次感，产生逼真的效果，并且很容易在不同的软件之间交换。但在存储时，需要记录每一个像素的位置和颜色，因此占用存储空间较大。

（3）矢量图

矢量图是使用直线和曲线来描述图形的。矢量图形的组成元素是点、线、矩形、多边形、圆、弧线等，矢量图形是通过数学公式计算获得的，文件大小由图形的复杂程度决定，矢量图形文件一般较小。矢量图形最大的优点是无论放大、缩小或旋转等图形都不会失真，如图 1-1-6 所示。但矢量图难以表现色彩层次丰富的逼真图像效果。

图 1-1-4　像素　　　　图 1-1-5　位图放大　　　　图 1-1-6　矢量图放大

（4）分辨率

分辨率是单位长度内的点、像素的数量。

- 图像分辨率：图像文件每英寸中显示的像素数量，单位是 ppi。
- 显示器分辨率：显示器上每单位长度显示的像素或点的数量，单位是 dpi。显示器分辨率取决于显示器的大小及其像素的设置。
- 扫描分辨率：每英寸包含的采样点数。
- 打印分辨率：每英寸所打印的点数。

 **任务描述**

通过使用 Photoshop CS6 对图像素材进行简单合成，拼成美丽的图画，如图 1-1-7 所示。

图 1-1-7　美丽的图画

 任务实现

1. 启动 Photoshop CS6

双击桌面上的 Photoshop CS6 快捷图标，启动 Photoshop CS6。

2. 新建文件

（1）执行"文件→新建"命令，弹出"新建"对话框，在"名称"文本框中输入图像文件的名称"1-1"，宽度设置为"800 像素"，高度设置为"500 像素"，分辨率设置为"72 像素/英寸"，颜色模式选择"RGB 颜色"，背景内容选择"白色"，如图 1-1-8 所示。

（2）设置完后，单击 确定 按钮，即打开一个新的图像编辑窗口，如图 1-1-9 所示。

新建的文档在"图层"调板中有一个"背景"图层。图层是 Photoshop 文件的基本构成部分。

图 1-1-8　"新建"对话框

图 1-1-9　图像编辑窗口

3. 打开图像文件

（1）执行"文件→打开"命令，弹出"打开"对话框，如图 1-1-10 所示。

（2）在"查找范围"下拉菜单中选择文件夹，然后单击图像文件"1_1a.psd"，单击 打开(Q) 按钮，打开图像文件，如图 1-1-11 所示。

图 1-1-10 "打开"对话框

图 1-1-11 图像文件

4．使用工具

（1）选择工具箱中的移动工具，选择"1_1a.psd"图像文件，按下鼠标左键拖曳图片到文件"1-1.psd"中，移动到合适的位置，如图 1-1-12 所示。

利用移动工具将一个图像文件的图拖曳到另一个图像文件中，可以实现图像的复制。

同样，分别打开素材图像文件"1_1b.psd""1_1c.psd"，将图像拖曳到文件"1-1.psd"中，并移动到合适的位置，效果如图 1-1-13 所示。

图 1-1-12 拖曳 1-1a.psd 文件后的效果

图 1-1-13 拖曳其他文件的效果

复制一个图像，"图层"调板会自动增加一个图层。一个图层就像一张透明的纸，新增一个图层就像增加一张纸放在其余的纸上，不同的图像放在不同的图层上，当对其中一个图层进行操作时，对其他图层没有影响，如图 1-1-14 所示。

（2）打开素材图像文件"1_1d.psd"，选择工具箱中的矩形选框工具，在画面的右侧向下拖曳出矩形选区，选择第一个图像，如图 1-1-15 所示。

（3）选择工具箱中的移动工具，选择矩形选区内的图像文件，按下鼠标左键将图像拖曳到文件"1-1.psd"中，并移动到合适的位置，效果如图 1-1-16 所示。

图 1-1-14 "图层"调板

图 1-1-15 矩形选区效果

图 1-1-16 选取花朵合成效果

　　同样，利用选择工具，选择素材中各种元素，分别复制到"1-1.psd"中，并调到合适的位置。最终效果及"图层"调板分别如图1-1-17、图1-1-18所示。

图1-1-17　最终效果　　　　　　　图1-1-18　"图层"调板

5. 保存文件

（1）执行"文件→存储为"命令，弹出"存储为"对话框，如图1-1-19所示。

（2）在"保存在"列表框中选择要存储的文件夹，文件名与格式采用默认值，单击 保存(S) 按钮。

图1-1-19　"存储为"对话框

　　PSD是Photoshop的默认文件格式，它支持所有图像类型。注意及时保存文件，避免因意外原因造成损失。在编辑过程中可以随时按【Ctrl+S】组合键保存文件。

 任务回顾

1. 设置 Photoshop CS6 的工作环境

为 Photoshop 创建一个良好的工作空间，是确保软件正常工作的重要前提条件。

设置 Photoshop CS6 常用预置参数，可以有效提高 Photoshop CS6 的运行效率。通过"界面"选项中的"外观→颜色方案"可以设置自己喜欢的软件色调（后面各任务中的案例所用界面都设置为浅灰色）。这里重点介绍"性能"选项的设置，其具体操作如下。

执行"编辑→首选项"命令，弹出"首选项"对话框，如图 1-1-20 所示，默认显示"常规"选项卡，按列表框菜单选择其他选项可以设置对应的内容，选择"性能"选项，则出现"性能"选项卡，如图 1-1-21 所示。

图 1-1-20 "首选项"菜单

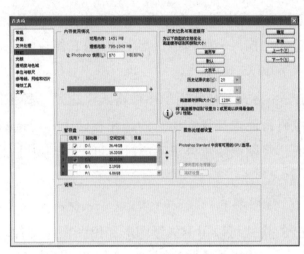

图 1-1-21 "性能"选项卡

在"性能"选项卡中主要设置内存和暂存盘的使用方式，该选项卡内主要选项的作用如下。

（1）内存使用情况

"让 Photoshop 使用"可以设定 Photoshop 运行时可用的物理内存量，将该值设大可提高 Photoshop 处理图像文件的速度，但注意不要影响操作系统和其他程序的运行。

（2）暂存盘

Photoshop 将暂存盘默认设置在启动盘，且仅打开第一个暂存盘。如果 C 盘的剩余空间不多，可以指定其他较大剩余空间的分区做暂存盘，并且也可以将其他暂存盘设置为打开；当第一个暂存盘空间用完后，Photoshop 会自动使用第二个，这样既可以提高执行速度，也能最大限度地让 Photoshop 完成复杂的操作，处理较大的图像。

（3）历史记录与高速缓存

历史记录设置"历史"调板中记录历史操作的最大数目。

高速缓存设置图像高速缓存要占据的内存空间，图像高速缓存有 1～8 个级别，用户要根

据计算机的内存容量和硬件配置来设置参数。

2．图形存储的格式

Photoshop 可以包含 20 多种图像文件格式，最常用的是以下几种图像文件格式。

（1）PSD、PDD 格式

PSD、PDD 格式是 Photoshop 专用图像文件格式，是 Photoshop 默认的文件格式，PSD 格式可以比其他格式更快速地打开和保存图像，能很好地保存层、通道、路径及压缩方案而不会导致数据丢失。但是，这一格式存储文件所占用的空间较大。

（2）BMP 格式

BMP 格式是由微软开发的，在此文件格式中，图像信息以像素保存，该格式存储的图像文件较大，这种格式被大多数软件所支持。

（3）TIFF 格式

TIFF 格式应用非常广泛，TIFF 格式常用于不同媒体之间图像数据的交换，TIFF 常被用于图像的扫描，一般扫描仪都生成 TIFF 图像。

（4）JPEG 格式

JPEG 格式是最常用的图像格式，它是一种压缩效率很高的存储格式。JPEG 格式是以损坏图像质量而提高压缩质量的。在存储中可以选择压缩等级，选择压缩率高的方式，则图像质量低。对图像质量要求不高时，可以使用 JPEG 模式。但要输出打印的图像，最好不要用 JPEG 格式。

（5）EPS 格式

EPS 格式可以用于矢量图形和位图图像文件的存储。它可以在排版软件中用低分辨率来预览，以高分辨率打印输出，常用于专业印刷领域。

（6）GIF 格式

GIF 格式的特点是压缩比高、占空间少，是网络中最常用的格式。GIF 格式普遍用于显示索引颜色模式的图形图像，色彩在 256 色以内。GIF 格式不仅用于存储静止图像，还可以存储动画。

（7）PNG 格式

PNG 格式结合了 GIF 和 JPEG 的特点，PNG 格式可以保证图像不失真，显示速度快。采用无损压缩方式保存文件。

3．常用辅助工具

Photoshop CS6 为了协助用户在进行图像处理时精确定位提供了多种辅助工具，如标尺、参考线、网格、缩放工具、抓手工具、吸管工具及计数工具。

（1）标尺、参考线和网格

① 标尺。执行"视图→标尺"命令，或者按【Ctrl+R】组合键，标尺会出现在窗口顶部和左侧，效果如图 1-1-22 所示，如果此时移动光标，标尺内的标记会显示光标的精确位置。

默认情况下，标尺的原点位于窗口的左上角（0,0）标记处，标尺的坐标原点可以设置在画布的任何地方，只要从标尺的左上角开始拖动即可应用新的坐标原点；双击左上角可以还原坐标原点到默认点。如果要隐藏标尺，可执行"视图→标尺"命令，或者按【Ctrl+R】组合键。

图 1-1-22　显示标尺效果

② 参考线。参考线主要用于辅助用户对齐和排列画面中的对象。在使用参考线前要先显示标尺，然后在水平标尺或垂直标尺上按下鼠标并拖动到图像上，就可创建出水平或垂直的参考线；也可以执行"视图→新建参考线"命令创建参考线。

参考线可以移动和删除，选择移动工具，将光标放置在参考线上，当光标变成双箭头时，按下鼠标并拖动，则移动参考线，若将参考线移动到图像外或按【Delete】键，则可删除选定的参考线。执行"视图→清除参考线"命令，可以清除所有的参考线。执行"视图→锁定参考线"命令，可以将参考线锁定，锁定的参考线不可以移动，再次执行该命令可解除锁定。

③ 网格。网格的主要作用是辅助用户对齐和排列画面中的对象。执行"视图→显示→网格"命令，即可在图像中显示网格。执行"视图→对齐到→网格"命令，则在编辑对象时会自动对齐到网格；再次执行该命令可取消设置。

④ 启用对齐功能。对齐功能有助于精确地放置选区、裁剪选框、切片、形状和路径。执行"视图→对齐"命令，使该命令处于选中状态，然后执行"视图→对齐到"命令，在"对齐到"级联菜单中选择一个对齐项目，如图 1-1-23 所示。带有"√"标记的命令表示启用了该对齐功能。

图 1-1-23　"对齐到"级联菜单

（2）**查看图像**

图像编辑时，经常需要放大或缩小窗口的显示比例、移动画面的显示区域，Photoshop 为用户提供了 🔍 等工具和各种缩放窗口的命令来帮助用户更好地查看图像，下面就来了解这些功能。

① 缩放工具。选择缩放工具 🔍，将光标放在画面中（光标会变为 🔍 形状）单击可以放大窗口的显示比例，按住【Alt】键（光标会变为 🔍 形状）单击可缩小窗口的显示比例。通过缩放操作，可以更好地观察图像，让用户更加准确地了解图像的整体或某个细节部分。

② 抓手工具。抓手工具 ✋ 可用来随意移动图像，调整图像显示范围，查看图像的不同区域。该工具也可以缩放窗口。

③ 用"导航器"面板查看图像。"导航器"面板中包含图像的缩览图和各种窗口缩放工具，如图 1-1-24 所示。如果文件尺寸较大，画面中不能显示完整图像，通过该面板定位图像的查看区域更加方便。

图 1-1-24 "导航器"面板

任务 2 用 Adobe Bridge 管理文件

 学习目标

➤ Adobe Bridge 操作界面
➤ 利用 Bridge 管理照片
➤ 自动批处理图像
➤ 添加水印

 准备知识

Adobe Bridge 是 Photoshop 附带的用于管理、浏览和简单处理照片的小软件，可创建供印刷、Web、电视、DVD、电影及移动设备使用的内容，并轻松访问原始 Adobe 文件（如 PSD 和 PDF）及非 Adobe 文件。

Adobe Bridge 的操作方法：

执行"文件→在 Bridge 中浏览"命令，即可打开 Adobe Bridge 工作界面，如图 1-2-1 所示。

图 1-2-1　Adobe Bridge 工作界面

可以像使用 Windows 的资源管理器那样使用 Adobe Bridge 管理照片，如利用拖放来完成各个文件夹之间移动照片及复制照片。使用 Adobe Bridge 可以轻松查看数码照片的 EXIF 信息。

 任务描述

利用 Adobe Bridge 为一批照片建立索引图。

 任务实现

1．批量命名照片

（1）在 Photoshop CS6 中执行"文件→在 Bridge 中浏览"命令，打开"素材\第 1 章\二"文件夹，并按【Ctrl+A】组合键选择所有照片，如图 1-2-2 所示。

（2）在 Adobe Bridge 中执行"工具→批重命名"命令，弹出"批重命名"对话框，如图 1-2-3 所示。

（3）在"目标文件夹"选项区中选中"复制到其他文件夹"单选按钮，单击 浏览… 按钮，设置所需要的目标文件夹。

（4）在"新文件名"选项区中确定重命名后的文件名的命名规则。如果规则不够用，则可以单击 ➕ 按钮来增加规则；反之，则单击 ➖ 按钮来减少规则。

（5）设置好后，单击 重命名 按钮，系统提示重命名操作进度，完成后的效果如图 1-2-4 所示。

图 1-2-2　选择所有照片

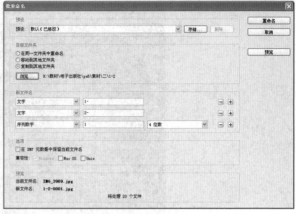
图 1-2-3　"批重命名"对话框

图 1-2-4　批重命名完成后的效果

2. 输出照片索引图

（1）按【Ctrl+A】组合键，将文件夹下的所有照片都选中，单击窗口上方的 按钮，如图 1-2-5 所示。

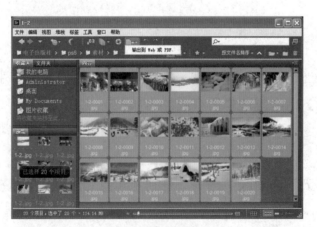
图 1-2-5　选中所有照片

（2）在右侧的调板中单击 ，设置"版面"对话框中的各项参数，如图 1-2-6 所示。

（3）设置"水印"对话框中各项参数，如图 1-2-7 所示，单击 按钮，保存文件名为"1-2 效果.pdf"，完成操作，最终效果如图 1-2-8 所示。

图 1-2-6　设置版面参数

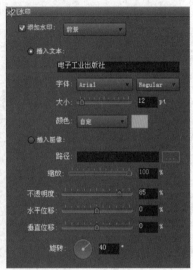

图 1-2-7　设置水印参数

1-2-0001.jpg　　　　　1-2-0002.jpg

图 1-2-8　最终效果

 任务回顾

执行"文件→在 Bridge 中浏览"命令，或者单击程序栏中的 ▣ 按钮，可以打开 Adobe Bridge 工作界面。

Bridge 的工作区中主要包含以下组件。

- **应用程序栏**：提供了基本任务的按钮，如文件夹层次结构导航、切换工作区及搜索文件。

- **路径栏**：显示了正在查看的文件夹的路径，允许导航到该目录。

- **收藏夹面板**：可以快速访问文件夹及 Version Cue 和 Bridge Home。

- 文件夹面板：显示文件夹层次结构，使用它可以浏览文件夹。
- 筛选器面板：可以排序和筛选"内容"面板中显示的文件。
- 收藏集面板：允许创建、查找、打开收藏集和智能收藏集。
- 内容面板：显示由导航菜单按钮、路径栏、"收藏夹"面板或"文件夹"面板指定的文件。
- 预览面板：显示所选的一个或多个文件的预览。预览不同于"内容"面板中显示的缩览图，并且通常大于缩览图。可以通过调整面板大小来缩小或扩大预览。
- 元数据面板：包含所选文件的元数据信息。
- 关键字面板：帮助用户通过附加关键字来组织图像。

任务 3　认识 Photoshop 的图层

 学习目标

- 图层的概念
- 图层面板的操作
- 图层的操作基础

 准备知识

1. 图层的基本概念

Photoshop 的图像可以看成是图像中的每个部分分开放在不同的图层上，这些图层相当于透明的胶片，当上层有图像时就遮盖了下面层，如果没有图像时，下面层的图像就显现出来了。

使用图层进行图像处理的优点在于，各图层之间相互独立，可以在不影响其他图层内容的情况下，独立处理某一个图层的图像。同时，可以调整图层的上下顺序而合成不同的图像效果。

2. "图层"调板

图层的显示和操作都是通过"图层"调板来完成的。

如图 1-3-1 所示，"图层"调板是所有图层的管理器和编辑器。调板中列出了所有的图层，其中每一行代表一个图层。在"图层"调板中可以观察到所有的图层；可以控制图层的显示和隐藏；可以对图层进行定位；可以新建、复制、删除和合并图层；可以修改图层的显示透明度和填充透明度；还可以设置图层间的混合模式及设置图层样式等。

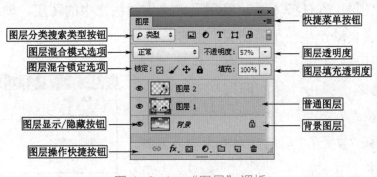

图 1-3-1　"图层"调板

3. 图层操作基础

（1）"图层"调板的打开

① 执行"窗口→图层"命令，即可打开"图层"调板；也可以使用快捷键【F7】直接打开"图层"调板。

② 在"图层"调板中会显示图像中包含的图层。每个图层左边都有一个缩览图，可以预览图层的内容。每个图层都有一个名称，双击图层名，可以对图层进行重命名。

③ 显示为蓝色的图层表示为当前活动图层，可以直接编辑。

（2）图层的显示、隐藏和锁定

① 图层的显示、隐藏。控制图层的显示和隐藏的是"图层"调板左边一列的眼睛图标 。系统一般默认图层为显示。如果单击眼睛图标，该图层被隐藏。再次单击出现眼睛，该图层又为显示状态。

② 锁定图层。锁定图层是指对图层的操作设置限制，锁定的部分不能进行编辑操作，用来保护锁定部分内容。图层的锁定按钮位于图层操作面板上，按下相应的按钮，表示锁定。再单击就解锁，如图 1-3-2 所示。

"锁定全部"后，在图层上会显示实心锁图标 。其他锁定方式在图层上显示空心锁图标 。

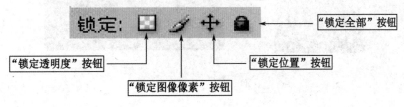

图 1-3-2　锁定按钮

（3）图层的新建、复制和删除

① 图层的新建。直接单击调板右下方的按钮 ，即可创建一个新的普通图层。

② 复制图层。

在图像内复制图层：将要复制的图层用鼠标拖到 🖺 图标上，即可复制为一个副本图层。

在图像间复制图层：在任务 1 中已经用到，选中源图像中的图层，使用移动工具拖曳到目标图像中，系统会自动产生一个新图层，内容就是复制源图像中选中的图层。

使用菜单"图层→复制图层"命令：执行"图层→复制图层"命令，弹出"复制图层"对话框，如图 1-3-3 所示。在"为："后的文本框内输入复制后的图层名称；在目标"文档："后的文本框内输入复制图层所在的文件名称。

③ 删除图层。将要删除的图层用鼠标拖到 🗑 图标上，即可删除该图层。

图 1-3-3　　"复制图层"对话框

（4）图层的排列

图层的排列和顺序直接影响图像的内容，可以使图像的某些部分出现在其他图层之前或之后。只需在"图层"调板中用鼠标将图层拖曳到各个位置，就可以轻松实现各个图层顺序的改变。

（5）图层的透明度

选中需要调整透明度的图层，单击"不透明度"下拉列表框的箭头，拖动滑块，实现改变图层的显示透明度。100%为完全不透明，0%为完全透明即看不见该图层，也可以直接通过键盘输入数字来完成。

 **任务描述**

利用 Photoshop CS6 图层操作完成简单图像的合成，效果如图 1-3-4 所示。

图 1-3-4　合成前后的效果

 **任务实现**

（1）在 Photoshop CS6 中打开素材文件"1-3a.psd""1-3b.psd"，效果如图 1-3-5 所示。

图 1-3-5　打开文件效果

（2）选择"1-3b.psd"文件，将图像拖到"1-3a.psd"文件中，调整好位置，效果如图 1-3-6 所示。

图 1-3-6　生成"图层 1"效果

（3）在"图层"面板上，选择"图层 1"，拖到图层面板下方的"创建新图层" 按钮上，将"图层 1"进行复制，生成"图层 1 副本"，调整图像的位置，效果如图 1-3-7 所示。

图 1-3-7　复制"图层 1"效果

（4）在图层面板选择"图层 1"，设置"不透明度"为 60%，效果如图 1-3-8 所示。

（5）分别选择"图层 1""图层 1 副本"，调整在图像画面中的位置，效果如图 1-3-9 所示。

图 1-3-8　调整图层中透明度效果

图 1-3-9　调整图像效果

（6）在图层面板中选择"图层 1"，按住【Shift】键单击"背景"，将所有的图层全部选取。按【Ctrl+E】组合键，合并所有的图层，效果如图 1-3-10 所示。

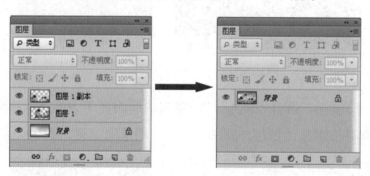

图 1-3-10　合并图层

（7）执行"文件→保存"命令，将最终效果保存为"1-3 效果.psd"文件。

 ## 任务回顾

1. 将背景图层转换成普通图层

系统默认情况下，打开图像文件时，图像在图层面板中显示为被锁定的"背景"层，此时该背景层编辑操作有诸多限制。如果要对背景层进行编辑处理，应该将该图层进行解锁，具体解锁的操作如下。

（1）在"图层"调板中双击"背景"图层，弹出"新建图层"对话框，如图 1-3-11 所示。

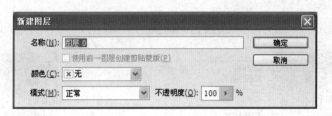

图 1-3-11　"新建图层"对话框

（2）在"名称"后的文本框中输入所要设置的图层名，单击 ![确定] 按钮，背景层完成解锁，变成普通层，如图 1-3-12 所示。

按住【Alt】键双击"背景"图层的缩览图，即可将背景层变换成普通层。

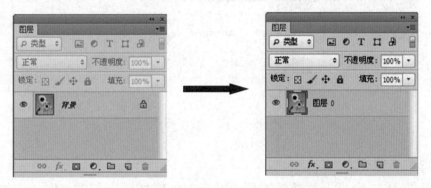

图 1-3-12　背景层转换为普通层

2. 多图层的选取及操作

（1）选择多个图层

多个图层的选择与 Windows 资源管理器选择文件的操作类似。

① 利用菜单"选择→所有图层"命令可以快速选择除"背景"图层外的所有图层，也可按【Ctrl+Alt+A】组合键完成。

② 如果选择连续多个图层，在选择一个图层后，按住【Shift】键在"图层"调板中选择另一个图层，则将两个图层间的所有图层都选取。

③ 如果选择不连续多个图层，在选择一个图层后，按住【Ctrl】键在"图层"调板中将所要选择的图层依次单击，则可选取。

④ 在 Photoshop CS6 中增加了"同类图层"的选择。可以在"图层"调板上方"类型"项选择所需的图层类型，也可以单击相关快捷按钮。该功能在图层数量较多时方便用户操作。

（2）链接图层

在图像处理的过程中会遇到多个图层之间有些整体的变化，如果分开来进行单个图层的调整，可能会造成图层间的位置、比例等发生变化。这时就需要把几个图层链接到一起，作为一个整体，让几个图层在其中一个图层变化时也随着变化，但这整体的关系在取消链接后，又可以恢复独立的个体。

具体操作：选取链接的各个图层后，单击"图层"调板右上角的快捷菜单按钮，执行"链接图层"命令，如图1-3-13所示。取消时，就执行"取消链接图层"命令。

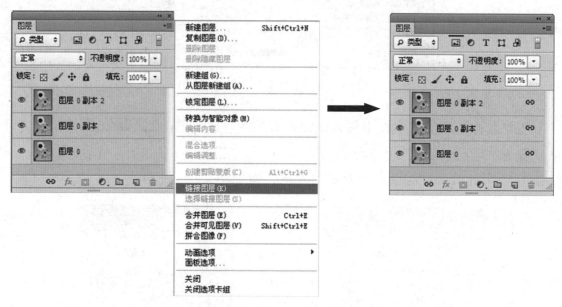

图1-3-13　链接图层

（3）图层的分布和对齐

①分布图层。将3个以上的链接图层，以当前编辑图层为基准，按一定的方式以平均的间隔排列起来。操作方法如下。

a. 选取要操作的相关图层。

b. 选择移动工具。在移动工具选项栏上选择分布方式。

🔳：按顶分布；🔳：垂直居中分布；🔳：按底分布；🔳：按左分布；🔳：水平居中分布；🔳：按右分布。

②对齐图层。以当前编辑图层为基准，按一定的方式把几个图层对齐。操作方法如下。

a. 选中一个图层作为参照标准，该图层透明度必须大于50%。

b. 选择移动工具。在移动工具选项栏上选择对齐方式。

🔳：左对齐；🔳：垂直居中对齐；🔳：底对齐；🔳：顶对齐；🔳：水平居中对齐；🔳：右对齐。

3. 图层组

图层组是一个类似于文件夹的图层管理夹。特别在处理非常多和复杂的图层时，把图层归类放置，这样可以减少失误和提高效率。

创建方法是：执行"图层→新建→图层组"命令，弹出"新图层组"对话框，设置好后单击"好"按钮，即可创建一个新的图层组"组1"。

用鼠标将"图层"调板中的图层拖到新图层组"组1"中，单击"组1"旁的三角图标可以控制组内图层的显示和隐藏，即图层组的展开和折叠。

项目小结

　　本项目对 Photoshop CS6 的工作界面、工具的使用和基本操作进行了基本介绍，使读者对 Photoshop CS6 有了初步的认识。通过对图像的格式、图像文件的基本操作方法和系统优化的介绍，为进一步深入学习 Photoshop CS6 奠定了良好的基础。

图像素材的选取

在图像处理过程中，经常需要将素材图像中的图形或图像对象选取出来，使用到合成的图像中，也就是人们常说的"抠图"。对于这种图像素材的选取，一般是采用 Photoshop 软件来实现的。Photoshop 软件选择图像素材的步骤是：先生成选区，再通过选区的复制来完成。在 Photoshop 中生成选区的方法有以下几种。

➢ 利用基本工具生成选区。
➢ 利用路径工具生成选区。
➢ 利用色彩范围生成选区。
➢ 利用抽出滤镜生成选区。

 快速选择图像素材

 学习目标

➢ 选框工具的使用

> 套索工具的使用
> 魔棒工具的使用
> 图层的操作

 准备知识

1. 选框工具的操作

在 Photoshop 中进行图像编辑时，大多数都先要对图像特定的部分进行精确选取，才能有针对性地编辑、修改图像，如图 2-1-1 所示。如果没有创建选区，编辑操作将对当前图层进行操作处理。Photoshop CS6 创建选区的方法很多，本项目主要介绍通过工具箱的选取工具和"选择"菜单来完成选区的操作。

图 2-1-1 选区示意图

Photoshop CS6 提供的选取工具分为两大类：规则选框工具和不规则选框工具。

（1）规则选框工具

规则选框工具即是选框工具，包括矩形选框工具、椭圆选框工具、单行选框工具、单列选框工具，系统默认为矩形选框工具，如图 2-1-2 所示。这些工具所完成的选区都为规则形状。

图 2-1-2 选框工具

① 矩形选框工具 。选中矩形选框工具后，用鼠标在图层上可拖拉出一个矩形，其选项栏如图 2-1-3 所示。选项栏包括操作方式、"羽化"和"样式"设置。

图 2-1-3 "矩形选框工具"选项栏

a. 操作方式。选择方式共分以下 4 种。

● 新选区 ：取消旧选区，生成新选区。

● 添加到选区 ：在旧选区基础上增加新选区，形成最终选区，如图 2-1-4 所示。

图 2-1-4 "添加到选区"操作效果

- 从选区减去▣：在旧选区中去除新选区，形成最终选区，如图 2-1-5 所示。

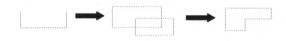

图 2-1-5　"从选区减去"操作效果

- 选择交集▣：新选区与旧选区相交的部分为最终选区，如图 2-1-6 所示。

图 2-1-6　"选择交集"操作效果

b．羽化。使用羽化功能来设定选区的边缘效果，使选区正常硬边界产生渐变晕开的柔化效果，也就是产生一个过渡段，如图 2-1-7 所示。其取值范围为 0.2～255 像素。

（a）"羽化"半径为 0 时的填充效果　　（b）"羽化"半径为 10 时的填充效果

图 2-1-7　羽化效果

c．样式。只适用于矩形选框工具和椭圆选框工具，用于规定所创建选区的样式，分为以下 3 种。

- 正常：这是默认的选择方式，也是最为常用的方式。可以用鼠标拖曳出任意比例的矩形。
- 固定长宽比：这种方式是强制所创建选区的长宽比例，系统默认值为 1∶1。
- 固定大小：这种方式可以通过输入宽度和高度的数值来精确地确定矩形选区的大小，系统默认值为宽 64 像素、高 64 像素。

② 椭圆选框工具▣。选中椭圆选框工具后，用鼠标在图层上拖曳出一个椭圆的选区，其工具选项栏上的选项与矩形选框工具大致相同，椭圆选框工具仅多了一个"消除锯齿"的选项。这是因为 Photoshop 中的图像都是由像素组成的，实质上为一系列正方形的色块，所以当进行椭圆及不规则的选区选取时就会产生锯齿边缘，其工具选项栏上的"消除锯齿"就是在锯齿之间填入中间色调，从视觉上"消除锯齿"现象，如图 2-1-8 所示。

（a）没有选定"消除锯齿"的效果　　　　（b）选定"消除锯齿"的效果

图 2-1-8　消除锯齿

③ 单行选框工具/单列选框工具。选中单行/单列选框工具，可以用鼠标在图层上创建一个 1 像素高/宽的选框，如图 2-1-9 所示，其选项栏只有"选择方式"可选，用法与矩形

框一样。

（a）单行选框　　　　　　　（b）单列选框

图 2-1-9　"单行/单列选框"效果

（2）不规则选框工具

不规则选框可以由多种方法产生，其中套索工具组就是用来产生选区的工具。它们与选框工具组不同，套索工具组的工具用来制作不规则的选区。它包含 3 个工具：套索工具、多边形套索工具和磁性套索工具，如图 2-1-10 所示。

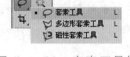

图 2-1-10　套索工具组

① 套索工具🔲。在套索工具组中选中套索工具，将鼠标移到图像上后，拖动鼠标勾勒出所需的范围，松开鼠标，即可创建一个不规则的选择区域，图 2-1-11 所示为使用套索工具🔲建立的不规则选区。

如果选取的终点与起点重合，Photoshop 会自动封闭形成完整的选择区域；按住【Alt】键在起点与终点处分别单击可建立直线外框。

套索工具选项栏上有 3 项选项：修改选择方式、羽化和消除锯齿，如图 2-1-12 所示。

图 2-1-11　套索工具生成选区效果

图 2-1-12　"套索工具"选项栏

② 多边形套索工具🔲。在套索工具组中选中多边形套索工具🔲，将鼠标移到图像处并单击，然后再逐一单击每一个节点来确定一条条直线。当回到起点时，指针右下方会出现一个小圆圈，表示选择区域已封闭，再次单击即可看见不规则的多边形选区，如图 2-1-13 所示。

多边形套索工具🔲的选项栏同套索工具一样。

③ 磁性套索工具🔲。磁性套索工具🔲是一种具有可识别边缘颜色的套索工具。选择磁性套索工具，将鼠标移到图像上单击选取起点，然后无须按住鼠标键沿物体边沿移动鼠标，当回到起点时，指针右下方会出现一个小圆圈表示选择区域已经封闭，再次单击即可。选取过程效果如图 2-1-14 所示。

图 2-1-13　多边形套索工具生成选区效果　　　图 2-1-14　磁性套索工具生成选区效果

磁性套索工具的选项栏与套索工具和多边形套索工具不同，如图 2-1-15 所示。它增加了"宽度""对比度""频率"等选项。

图 2-1-15　"磁性套索工具"选项栏

- 宽度：用于设置磁性套索工具在选取时的探测距离，其取值范围为 1～40，数值越小探测越精确。
- 频率：用来设置选取节点的连接速率，其取值范围为 1～100，数值越大产生的节点越多。
- 对比度：用来设置套索的敏感度，其取值范围为 1%～100%，数值越大产生的节点越多；数值大时可以用来探测对比锐利的边缘，数值小时可用来探测对比较低的边缘。

使用多边形套索工具和磁性套索工具时，在最终完成之前，对不满意的可用【Delete】键来清除最近所连的线段；在使用多边形套索工具时，按【Shift】键可以按水平、垂直或 45°的方向创建直线；在使用磁性套索工具时，按【Alt】键可以切换到套索工具。

2."选择"菜单

（1）利用"选择"菜单创建选区

在如图 2-1-16 所示的"选择"菜单中提供了多项用于控制选区的命令，使用这些命令可以创建和编辑选区，包括全部、取消选择、重新选择及反向等命令。

- 全部：可以在当前图层一次性地将图像的全部内容选中，快捷方式为【Ctrl+A】组合键。
- 取消选择：取消选区，快捷键为【Ctrl+D】组合键。
- 重新选择：可以在撤销选区后，重新恢复已经取消的选区，快捷键为【Shift+Ctrl+D】组合键。

图 2-1-16　"选择"菜单

- 反向：可以将选区进行反向选取，即为反向选取当前图层中当前选区以外的部分，快捷键为【Shift+Ctrl+I】组合键。

（2）选区的编辑

创建好选区后，可以对选区及选区内的图像进行位置、大小或形状的调整，以达到所需要的效果。

① 移动选区。只需要将鼠标指针放置到选区，然后按住鼠标左键拖曳即可移动选区。利用工具箱的移动工具也可将某一层的全部图像或选区移到指定的位置。

② 扩大选取与选取相似。

执行"选择→扩大选取"命令和"选择→选取相似"命令可以对当前建立的选区进行扩展，都是根据像素的颜色近似程度来增加选区的范围。"扩大选取"与"选取相似"不同之处在于："扩大选取"命令只作用于与原选区相连的区域；"选取相似"是针对图像中所有颜色相近的区域。

"扩大选取"与"选取相似"前后的对比，如图 2-1-17 所示。

图 2-1-17　"扩大选取"与"选取相似"前后的对比

③ 修改。执行"选择→修改"命令，在弹出的"修改"子菜单中提供了 5 种修改命令：边界、平滑、扩展、收缩和羽化。"修改"子菜单如图 2-1-18 所示。

- 边界：用指定像素宽度的新选区框住原有选区，如图 2-1-19 所示。

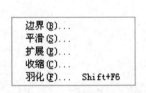

图 2-1-18　"修改"子菜单

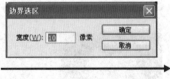

图 2-1-19　边界选区

- 平滑：通过在选区边缘上增加或减少像素来改变边缘的光滑度，如图 2-1-20 所示。

图 2-1-20　平滑选区

- 扩展：对当前选区按指定的像素进行向外扩展，如图 2-1-21 所示。
- 收缩：对当前选区按指定的像素进行向内收缩，如图 2-1-22 所示。

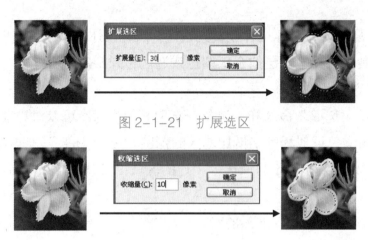

图 2-1-21　扩展选区

图 2-1-22　收缩选区

● 羽化：前面介绍选框工具时已经提到过这个概念，"羽化"主要是在选区的边缘产生模糊效果。执行"选择→羽化"命令，弹出"羽化选区"对话框，可以在"羽化半径"后的文本框中输入像素值，如图 2-1-23 所示。

图 2-1-23　羽化选区

④ 选区的旋转、翻转和自由变形。执行"选择→变换选区"命令可以对已经创建的选区进行选区形状和位置的自由变换，也可以通过选项栏来设定变换，这对图像中的像素没有一点影响，如图 2-1-24 所示。

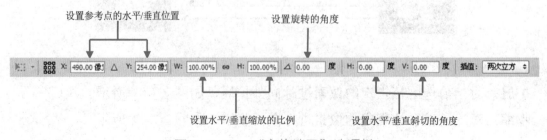

图 2-1-24　变换选区

"变换选区"选项栏如图 2-1-25 所示。

设置参考点的水平/垂直位置　　　设置旋转的角度

设置水平/垂直缩放的比例　　　设置水平/垂直斜切的角度

图 2-1-25　"变换选区"选项栏

（3）颜色选取工具组

① 魔棒工具。在选区的操作中，魔棒工具也常用于建立和修改选区。魔棒工具是以图像中相近的色素来建立选取范围的，该工具可以用来选择颜色相同或相近的色块，如图2-1-26所示。在很多情况下，使用魔棒工具可以节约大量的精力和时间。

图2-1-26 魔棒工具创建的选区

魔棒工具的选项栏如图2-1-27所示。其中包括选取方式、取样大小、容差、消除锯齿、连续和对所有图层取样选项。

图2-1-27 "魔棒工具"选项栏

- 选取方式和消除锯齿的功能与前面的选取工具相同。
- 容差：表示颜色选取的范围，取值范围为0～255。数值越小，选取的色彩范围越接近；数值越大，选取的色彩范围越大，系统默认值为"32"。不同容差的选取效果如图2-1-28所示。

图2-1-28 不同容差的选取效果

- 连续：选中该复选框，表示选择与单击处相连续的图像区域；取消该复选框，表示能够选中整幅图像范围内颜色容差符合要求的所有区域，系统默认为选中该选项。选中与未选中"连续"复选框的对比效果如图2-1-29所示。
- 对所有图层取样：该复选框被选中时，色彩选取范围可跨所有可见图层；如不被选中，色彩范围只能是当前图层。

② 快速选择工具。快速选择工具最大的特点就是可以像使用画笔工具一样创建选区，通过单击该工具并在图像中拖曳，即可创建选区。创建选区的形式非常灵活，该工具

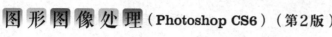
选项栏如图 2-1-30 所示，包括选区运算模式、画笔、对所有图层取样、自动增强、调整边缘等参数。

图 2-1-29　选中与未选中"连续"复选框的对比效果

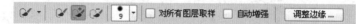

图 2-1-30　"快速选择工具"选项栏

- 选区运算模式：该工具有 **3** 种选区运算模式，即新选区、添加到选区和从选区减去。
- 画笔：单击右侧的按钮，可弹出画笔设置的对话框。
- 对所有图层取样：选中此选项后，可以在绘制选区的过程中，自动增加选区的边缘。
- 调整边缘：单击"调整边缘"按钮，可以对现有选区进行细致的修改，从而得到精确的选区。

 **任务描述**

本任务是将相对有规则的图像素材选取出来，进行处理，合成一幅新的效果。素材及效果如图 2-1-31 所示。

图 2-1-31　素材及效果

本任务为图像处理中的基础，完成一个图像的处理或合成，都需要对此进行选取，也就是"抠图"。由于操作对象不同，因此采取的方式不同。对于所选的图像是规则的、色彩是连续的或图像边缘色彩有明显的边界的，可以采用磁性套索工具、魔棒工具或快速选择工具来完成选择。

 任务实现

（1）打开素材"2-1-1.jpg""2-1-2.jpg""2-1-3.jpg"文件，选择"2-1-3.jpg"文件窗口。

（2）选择工具箱中的快速选择工具，在"2-1-3.jpg"图像的天空部分拖曳，整个天空部分形成选区，如图2-1-32所示。

（3）选择"2-1-2.jpg"文件窗口，利用矩形选框工具，将图像中天空的部分选取出来，如图2-1-33所示。执行"编辑→复制"命令，将天空部分进行复制。

（4）选择"2-1-3.jpg"文件窗口，执行"编辑→选择性粘贴→贴入"命令，将"2-1-2.jpg"图像中的蓝天白云贴入原来全是蓝天的位置，如图2-1-34所示。

图2-1-32 "2-1-3.jpg"中的选区

图2-1-33 "2-1-2.jpg"中的选区

图2-1-34 贴入蓝天白云后的效果

（5）在"图层"调板中，单击"图层1"的图层缩览图，再执行"编辑→变换→缩放"命令，将白云图像调整到合适的大小，如图2-1-35所示。

（6）选择"2-1-1.jpg"文件窗口，再选择工具箱中的磁性套索工具，沿热气球的边沿拖曳，将热气球部分形成选区，如图2-1-36所示。

图2-1-35 调整蓝天白云后的效果

图2-1-36 热气球所形成的选区

（7）选择工具箱中的移动工具，将热气球拖到"2-1-3.jpg"图像中，如图 2-1-37 所示。

（8）执行"编辑→变换→水平翻转"命令，将热气球左右对调，以符合图像光照的效果，并执行"编辑→变换→旋转"命令，将热气球调整好，如图 2-1-38 所示。

（9）按【Alt】键，拖曳热气球，可形成一个热气球图层，再将该热气球缩小、旋转，放置到合适的位置，并将该图层的透明度降低。最终效果如图 2-1-39 所示。

（10）保存文件为"2-1 效果.psd"，完成本任务。

图 2-1-37　热气球的效果　　　图 2-1-38　调整热气球的效果　　　图 2-1-39　最终效果

 任务回顾

本任务主要是采用基本工具进行图像的选择。选区对于图像的处理来说就是限制操作的范围，在实际工作过程中，经常会使用选区来选择各种不同图像，针对图像的情况不同，可以使用不同的选择方法，以最快、最准确的方法对图像进行选择，即抠图。

1. 抠图工具的选择

下面针对不同的图像情况来说明如何确定用何种基本工具进行抠图。

（1）形状规则

形状规则的图像素材大致分为两种，一种是标准矩形、圆形等图像；另一种是边缘由直线组成的图像。如图 2-1-40 所示，图像中采用椭圆选框工具就能将之选中。如图 2-1-41 所示，图像中的建筑的棱角分明，使用多边形套索工具就能迅速将建筑图像选择出来。

图 2-1-40　利用椭圆选框工具选择图像　　　图 2-1-41　利用多边形套索工具选择图像

（2）形状不规则但对比明显

如果所选图像的边缘和背景与其他图像的色彩有着明显的不同，就可以使用磁性套索工具来完成选择，如图 2-1-42 所示。如果背景是单色或渐变色，那就直接用魔棒工具选择背景，然后再利用"反选"命令来完成图像的选择，如图 2-1-43 所示。

另外，如果背景是比较复杂的，这时就完全可以用快速选择工具来完成选择，如图 2-1-44

所示。

图 2-1-42　利用磁性套索工具　　　图 2-1-43　利用魔棒工具　　　　图 2-1-44　利用快速选择工具
　　　　　　选择图像　　　　　　　　　　　　选择图像　　　　　　　　　　　　选择图像

2. 操作技巧

（1）选区创建

① 正方形/正圆形选区的创建。按住【Shift】键的同时使用矩形/椭圆选框工具在画面上拖曳鼠标，可以选取一个正方形/正圆形的区域。按住【Alt】键的同时，可以选取一个以光标起点为中心的矩形/椭圆形区域。按住【Alt+Shift】组合键的同时拖曳鼠标，可以选取一个以不标起点为中心点的正方形/正圆形区域。

② 选区的操作模式间的转换。利用工具创建选区时，也有可能是新建选区、添加到当前选区、从当前选区减去或与当前选区相交等，在选择相关工具后有以下快捷键完成此类操作模式。

- 在创建选区后，按【Shift】键，将在原选区基础上添加新的选区。
- 在创建选区后，按【Alt】键，拖动鼠标，如果新选区与原选区有重叠部分，则将重叠部分区域从原选区中减去，形成最终选区。
- 在创建选区后，按住【Shift+Alt】组合键拖动鼠标，如果新选区与原选区有重叠部分，则以重叠部分为最终选区。

（2）选区操作

① 移动选区。有时在建立选区时位置定得不好，可以在建立之后再移动。具体操作是保持当前的选框工具，将鼠标指针移到选区内，按住鼠标左键拖动到合适的位置。也可以按住【Shift】键或【Alt】键调整选区的大小。

- 按住【Shift】键在图像中拖曳选区，可以强制图像沿 45°角或 45°角的倍数方向移动。
- 按住【Alt】键在图像中拖曳选区，可复制一个选区，将新选区移动到新的位置，原选区不变。
- 使用【←/→/↑/↓】光标键，可以使选区每次以 1 像素位置移动；按住【Shift+←/→/↑/↓】组合键，可以使选区每次以 10 像素进行移动。
- 按住【Ctrl+Shift】组合键进行拖曳选区，可复制一个新的选区，并将新的选区移动到另一个窗口中，形成一个新图层，新选区位于该图层的中心位置。

② 取消选区。当使用矩形选框、椭圆选框和套索工具时，单击图像内选区以外的任何位置即可取消选区。快捷键为【Ctrl+D】组合键。

③ 套索工具。使用多边形套索工具和磁性套索工具时，在最终完成之前，对不满意的可用【Delete】键来清除最近所连的线段；在使用多边形套索工具时，按【Shift】键可以按水平、垂直或45°角的方向创建直线；在使用磁性套索工具时，按【Alt】键可以切换到套索工具。

套索工具与多边形套索工具可以利用【Alt】键进行切换。

 实战演练

根据所提供的素材，完成图像合成，如图2-1-45所示。

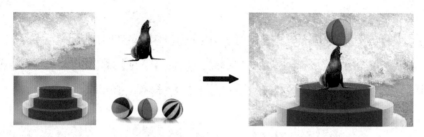

图2-1-45　素材及效果

 提示

① 观察所选对象在图像中的颜色及形状，选取合适的工具进行抠图。

② 注意操作过程中图层的关系。

③ 注意对象复制过程的操作。

任务2　**精细选择图像素材**

 学习目标

➤ 路径的概念
➤ 钢笔工具组的使用
➤ 路径选择工具的使用
➤ 路径的编辑处理操作

准备知识

　　路径是 Photoshop 的重要工具之一，也是 Photoshop 的一大利器。其主要作用是能精确、光滑地建立选区、绘制光滑的曲线。经常被用于获取复杂图像的轮廓选区，绘制复杂的图像及利用形状工具完成图像的绘制。

　　路径技术在 Photoshop 的图形技术中占有非常重要的地位，利用路径可以转换为选区，从而可以非常精确地完成图像的选取。

　　1. 路径中的各名称概念

　　路径是基于"贝塞尔"曲线建立的矢量图形，所有使用矢量绘图软件或矢量绘图工具制作的线条，原则上都可以称为路径。路径既可以是一条曲线也可以是一条直线或两者兼而有之，甚至可以是简单的一个点。总体来说，路径的组成通常包含 3 个部分：控制柄、锚点、路径线，如图 2-2-1 所示。

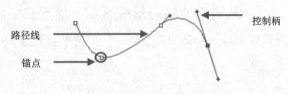

图 2-2-1　路径示意图

（1）角点

角点是由钢笔工具创建的，是一个路径中两条线段的交点，如图 2-2-2 所示。

（2）平滑点

当利用转换点工具拖动角点时，会生成带有控制柄的平滑点，并且该平滑点的两端的线段变成曲线段，如图 2-2-3 所示。

图 2-2-2　角点　　　　　　　　　　　　图 2-2-3　平滑点

　　2. 路径工具

路径工具分为两大类，分别是钢笔工具组和路径选择工具组，如图 2-2-4、图 2-2-5 所示。

图 2-2-4　钢笔工具组　　　　　　　　　图 2-2-5　路径选择工具组

（1）钢笔工具组

钢笔工具组可以用来创建和编辑路径。

① 钢笔工具 。钢笔工具是一种矢量绘图工具，它可以精确地绘出直线或光滑的曲线。在使用钢笔工具绘制曲线时，每个选定的锚点都显示一条或两条指向方向点的控制线，该控制线的方向决定了曲线的形状。

a．使用钢笔工具绘制直线时，在图像中每单击一下，即创建一个锚点，该锚点将自动与上一锚点以直线连接，即完成直线或折线的绘制，图 2-2-6 所示为绘制直线过程。

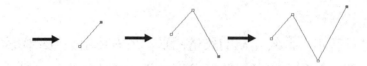

图 2-2-6　利用钢笔工具绘制直线及折线的过程

b．利用钢笔工具绘制曲线时，有两种绘制方法。一是绘制两点，然后在不松开鼠标左键的情况下拖动，则形成曲线；二是利用两锚点形成直线，然后在中间添加一锚点，再利用直接选择工具拖曳中间的锚点，即可形成曲线。图 2-2-7 所示为绘制曲线的过程。

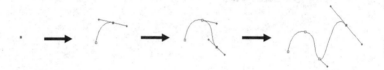

图 2-2-7　利用钢笔工具绘制曲线的过程

c．"钢笔工具"选项栏如图 2-2-8 所示。

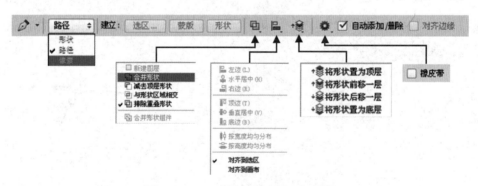

图 2-2-8　"钢笔工具"选项栏

- **路径（生成形态）**：利用路径工具进行绘制时，要在选项栏上选择生成的形态，包括"形状""路径""像素"三种方式。其中"形状"是指以形状图层表达路径，并且以前景色填充；"路径"是指单纯生成路径；"像素"是指生成的封闭路径的同时，利用前景色填充路径所包围的区间。
- **建立**：是指路径完成后，所要生成的模式。

- **路径交叠方式按钮**：这些按钮的功能与选区工具组的功能一样，不再介绍。
- **路径对齐方式按钮**：对路径进行对齐操作。
- **路径排列顺序按钮**：对路径进行顺序排列操作。
- **橡皮带**：单击最后的三角符号，可选择"橡皮带"选项，这里在图像上单击后移动光标，将在单击处与移动的光标之间出现一条虚拟的线，再次单击后，这条线才被确定。有了"橡皮带"，可以对路径的下一步走向有更直观的判断，并能确定曲线的形状。
- **自动添加/删除**：选中此复选框，在已有的路径上单击，可在路径上增加一个锚点，在已有的锚点上单击，可删除此锚点。若没有勾选此项，则不能通过在路径上单击实现增加或删除锚点。

② 自由钢笔工具。自由钢笔工具通过在光标所经之处生成路径锚点和曲线，类似画笔工具，可以非常自由地绘制出曲线路径。该工具选项栏上的"磁性的"选项表示可以像使用磁性套索工具一样建立路径。

③ 添加锚点工具。使用添加锚点工具可在现有的路径上增加锚点，具体操作是：在工具箱单击图标，将指针移到路径上，当工具光标指针右下角出现"+"号时，单击路径，则可添加上新锚点。

④ 删除锚点工具。删除锚点工具，可将现有的路径上的锚点删除。具体操作是：在工具箱单击图标，将光标移到现有路径的锚点上，当工具光标指针右下角出现"-"号时，单击锚点，即可删除该锚点。

⑤ 转换点工具。转换点工具，用于将原直线线段改为曲线线段，将原曲线的弧度任意改变。具体操作是：在工具箱中单击图标，将光标移到路径上的某一锚点，拖曳鼠标即可，再用转换点工具单击锚点，曲线恢复直线状况。

（2）路径选择工具组

路径选择工具组包括路径选择工具和直接选择工具。这两个工具可以在对路径进行编辑时选定路径中的锚点或整个路径。

① 路径选择工具。路径选择工具可以对整个路径进行选择和移动。该工具不能作用于路径上某一个锚点，单击路径的任何位置，该路径整个被选取，被选中的路径锚点以实心点表示。其选项栏如图 2-2-9 所示。

图 2-2-9 "路径选择工具"选项栏

- **约束路径拖动**：勾选此项，只能对两描点之间的线做更改；不勾选，会对锚点相邻线段也做整体调整。

② 直接选择工具。直接选择工具用来调整路径中的锚点和线段。使用该工具选择路径时，单击路径或框选路径，也只是被单击或被框住的部分被选取，被选中的锚点以空心点的

方式显示。当需要调整时，利用直接选择工具单击路径上任意一个位置，选取该路径；然后用鼠标拖曳需要调整的锚点，在出现的控制柄处进行调整。

可以通过按住【Alt】键来进行路径选择工具和钢笔工具间的切换。

 ## 任务描述

当所选的图像是复杂的，但边界比较规则，这时需要利用路径工具对其进行描绘，从而生成选区，完成图像的选取。本任务是选取素材，完成如图 2-2-10 所示的效果。

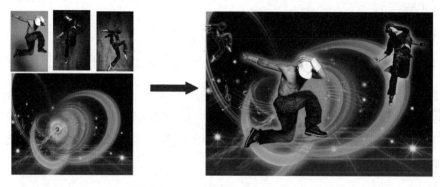

图 2-2-10　任务素材及效果

 ## 任务实现

（1）打开素材"2-2-1.jpg""2-2-2.jpg""2-2-3.jpg"文件，选择"2-2-3.jpg"文件窗口。

（2）选择工具箱中的钢笔工具，沿人体描绘出路径，如图 2-2-11 所示。

（3）选择工具箱中的缩放工具，将人物头部位置放大，如图 2-2-12 所示。

图 2-2-11　粗描整个路径效果　　　　　　　图 2-2-12　放大头部的效果

（4）选择工具箱中的钢笔工具，按住【Ctrl】键，将工具变换成路径直接选择工具，选中手部的锚点，将之拖到紧贴手边缘位置，如图 2-2-13 所示。

（5）松开【Ctrl】键，工具变回钢笔工具，在护腕及手肘位置分别单击，增加两个锚点，如图 2-2-14 所示。

图 2-2-13　移动锚点效果　　　　　　　图 2-2-14　增加锚点效果

在确定锚点时，应注意在图像轮廓的转折位置添加锚点，这些锚点被称为关键点，确保路径在调整时能够精确地贴近图像轮廓边缘。

（6）按住【Alt】键，工具变成转换点工具，对路径曲线进行调整，使路径曲线贴合手部，如图 2-2-15 所示。

（7）利用抓手工具，移动图像到所需要调整的部分，按（4）～（6）的操作，完成整个路径曲线的调整，如图 2-2-16 所示。

图 2-2-15　调整路径曲线效果　　　　　图 2-2-16　完成整个路径的制作效果

利用　工具进行路径调节时，单击锚点可进行调节，再单击一次锚点时，又会将锚点转换成角点。在调节路径锚点时，需要在锚点上拖曳出控制柄，将锚点的一边路径调节至紧贴图像轮廓才释放鼠标左键，接着在原位置单击，则将完成的调节锁定。锁定一边后，再调节另一边的路径。

另外，在调节的过程中还经常使用【Alt】和【Ctrl】键配合。当选择了钢笔工具　后，按【Alt】键可转成　工具，此时可以进行角度及方向的调节；当按【Ctrl】键后，可见转成了　工具，可以移动路径或移动锚点。

在调整过程中可能会出现关键锚点不够精细，这时可以利用增加锚点工具　来增加锚点，以达到精确勾画图像轮廓。单击"路径"调板上的空白区域，可关闭所有路径的显示。

（8）在钢笔工具选项栏上的"建立"选项中单击　　按钮，可将原路径生成了选区，如图 2-2-17 所示。

（9）选择移动工具，拖曳图像被选中的部分到"2-2-1.jpg"图像中，如图 2-2-18 所示。

（10）调整图像大小，并放置到合适的位置，如图 2-2-19 所示。

图 2-2-17 生成选区效果　　　图 2-2-18 人物移到背景　　　图 2-2-19 调整人物图像后
　　　　　　　　　　　　　　　　　　　　　中效果　　　　　　　　　　　　的效果

（11）执行"图层→图层样式→外发光"命令，弹出"图层样式"对话框的"外发光"选项卡，设置"混合模式"为"正常"，"颜色"为"绿色（R：50，G：245，B：15）"，"大小"为"35"，如图 2-2-20 所示，单击"确定"按钮，效果如图 2-2-21 所示。

（12）按照（2）～（11）的步骤，将"2-2-2.jpg""2-2-4.jpg"中的人物选取出来，合成到背景图像中。最终效果如图 2-2-22 所示。

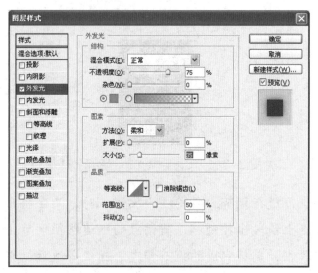

图 2-2-21 添加外发光后的效果图

图 2-2-20 "图层样式"对话框的"外发光"选项卡　　　　　图 2-2-22 最终效果

（13）保存文件，文件名为"2-2 效果.psd"。

 任务回顾

本任务主要是采用路径与选区互换的形式进行图像的选择。路径并不真实存在于某个图层中，主要的作用是保存选区、编辑路径、转换为选区后，可对选区进行不同程度的编辑。因此，利用路径形成选区的好处在于路径具有准确性和平滑性，能精确地对图像进行选择。

1. 路径与选区互换的作用

路径与选区是可以相互转换的。将路径转换成选区后，可以利用图像处理的操作完成选区的移动调整等；而选区转换成路径后，可以通过增加、减少锚点或改变曲线的弯曲度及方向的操作，调整路径，从而达到改变选区的形状。

2. 使用路径抠图的优点

如图 2-2-23 所示的情况，杯子的边沿与背景融合在一起了。如果要将杯子选取出来，用魔棒工具或快速选择工具，会将杯子与背景一起选择，而且边缘会出现锯齿状。此时，利用路径进行选择就可以清晰地将杯子选取出来。路径选取效果如图 2-2-24 所示。

图 2-2-23　原图　　　　　图 2-2-24　路径选取效果

（1）路径具有操作随意性。在选择路径绘制工具后，可以随意绘制出任意弯曲度的弧线，这是其他工具不具有的特点。

（2）路径具有可编辑性。在绘制完成的路径后，通过对路径增加、减少锚点，改变弯曲度及方向可改变路径的形状。

（3）路径具有平滑性。路径自身具有矢量的特征，使用路径选择图像可以得到平滑的选区，在进行缩放时不会损失图像。

3. 操作技巧

（1）显示/隐藏路径

① 单击路径调板中的空白区域可关闭所有路径的显示，如需要显示某路径，则可单击路径调板中该路径层。

② 按【Ctrl+Shift+H】组合键，可切换路径的显示与隐藏。

（2）钢笔工具与路径直接选择工具及转换点工具的互换

在绘制或编辑路径时，经常需要将钢笔工具、路径直接选择工具与转换点工具进行切换，在工具箱中切换很不方便，通常利用快捷键的方式进行切换。

选择钢笔工具后，在所需要调整的锚点处，按【Ctrl】键，则钢笔工具切换成路径直接选择工具，此时可以随意移动锚点的位置或通过控制柄来改变路径的方向及弯曲度；按【Alt】键，则路径直接选择工具切换为转换点工具，此时可以调整该锚点是否为角点或平滑点，同时可以调整路径的单边方向及弯曲度。

（3）使用钢笔工具的注意事项

① 使用钢笔工具添加锚点时，方向线的方向必须和路径的方向一致，否则路径会出现混乱。

② 在添加锚点时，方向线不能过长，否则影响下一个锚点的位置，进而影响路径的形状。

③ 为了使路径准确，通常使用方向线进行调节。

（4）路径转换为选区的方法

在 Photoshop CS6 中，路径转换为选区有如下几种操作方式。

① 按住【Ctrl】键，单击路径调板中的路径缩略图，即可生成选区。

② 在路径已被选择的情况下，按【Ctrl+Enter】组合键，可将路径转换为选区。

③ 在图像中用鼠标右键单击路径，在弹出的快捷菜单中选择"建立选区"命令，弹出"建立选区"对话框，设置"羽化半径"，然后单击"确定"按钮，路径转换成选区。

④ 利用钢笔工具或自由钢笔工具绘制路径后，在选项栏上的"建立"选项中单击 选区… 按钮即可生成选区。

⑤ 在路径调板选中路径层，然后在调板的下方单击"将路径作为选区载入"按钮，即可生成选区。

 实战演练

根据所提供的素材，完成图像的合成，效果如图 2-2-25 所示。

图 2-2-25　素材与制作效果

 提示

① 打开素材"实训 2-2-1.jpg""实训 2-2-2.jpg""实训 2-2-3.jpg"文件，将"实训 2-2-1.jpg"中的人物进行抠取，拖动到"实训 2-2-2.jpg"文件中，并调整好位置及大小。

② 将"实训 2-2-3.jpg"拖动到"实训 2-2-2.jpg"文件中，并调整好位置及大小。

③ 注意操作过程中图层的关系。

 选取复杂图像素材

 学习目标

➤ 利用色彩原理进行选取

➢ 蒙版的概念

➢ 蒙版的操作

 准备知识

任务 1 中的魔棒工具、快速选择工具都是选择颜色相同或相近的像素，适用于颜色比较单纯的图像选择，不适合背景复杂、颜色杂乱的图像。在 Photoshop 中，还可以通过其他方式创建选区，选取图像素材。利用这些方式再结合各种工具及命令的使用可以准确地选取人物的头发、动物的毛发等边界不太明显的素材，从而对图像进行加工合成。

1. 色彩范围

通过"色彩范围"命令创建选区，利用图像中的颜色变化关系来创建选区，用于在图像窗口中指定颜色来定义选区，并通过指定其他颜色来增加或减少选区。它可以指定一个标准色彩或用吸管吸取一种颜色，然后在容差中设定允许的范围，则图像中所有在色彩范围内的色彩区域都将成为选择区域。

执行"选择→色彩范围"命令，弹出"色彩范围"对话框，如图 2-3-1 所示。具体操作如下。

利用该对话框中吸管工具，在预览区域单击所要选择颜色范围，花的区域全部变成了白色，单击 确定 按钮，创建的选区如图 2-3-2 所示。

图 2-3-1 "色彩范围"对话框

图 2-3-2 创建的选区

- 选择：在其下拉列表中可选择所需要的色彩范围。

- 颜色容差：拖动滑块可调节色彩的识别范围。

- 选择范围：在预览窗口中显示选区状态，白色为所选区域，黑色为未选区域，灰色为部分选择的区域（带有羽化效果的区域）。

- 图像：在预览窗口中显示当前图像的状态。

- 选区预览：选择在图像窗口中选区的预览方式，共有 5 种。

- 反相：勾选该项可以在选区与未选区的图像之间转换。

- 吸管工具：共有 3 个，分别是"吸管工具""添加到取样"和"从取样中减去"。

2. 橡皮擦工具组

橡皮擦工具组可以通过在图像上拖动来擦除所经过的区域。如果在背景层使用，则擦除的区域被填充上背景色，其他图层则变透明。根据橡皮擦工具的特性，也常用于选取图像。

图 2-3-3　橡皮擦工具组

橡皮擦工具组包括橡皮擦工具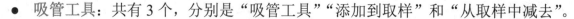、背景橡皮擦工具、魔术橡皮擦工具，如图 2-3-3 所示。

（1）橡皮擦工具

"橡皮擦工具"选项栏如图 2-3-4 所示。

图 2-3-4　"橡皮擦工具"选项栏

- 模式：可选择不同的橡皮擦工具方式，用来创建不同的擦除效果。
- 不透明度及流量：设置擦除时轻重效果。
- 抹到历史记录：该选项被勾选时，可使图像选择恢复到某个历史记录效果。

（2）背景橡皮擦工具

使用背景橡皮擦工具可以擦除背景图像的同时保留对象的边缘，背景橡皮擦工具也经常用于对图像要求不高的选取操作。"背景橡皮擦工具"选项栏如图 2-3-5 所示。

图 2-3-5　"背景橡皮擦工具"选项栏

- 取样模式：单击图标，表示连续取样，使用时可以随着工具的移动连续对颜色进行取样；单击图标，表示只在开始操作时进行取样；单击图标，使用时以背景色进行取样。
- 限制：从下拉列表中选取所要擦除的限制。
- 容差：与魔棒工具的用法一样。
- 保护前景色：选中此选项，可以在擦除的过程中保护图像与填充前景色的图像区域不被擦除。

利用背景橡皮擦工具完成图像选取过程如图 2-3-6 所示。

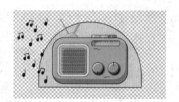

图 2-3-6　利用背景橡皮擦工具完成图像选取过程

（3）魔术橡皮擦工具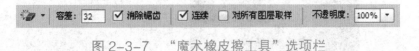

使用魔术橡皮擦工具可以擦除如魔棒工具那样所选的颜色范围的图像。"魔术橡皮擦工具"选项栏如图 2-3-7 所示。

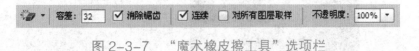

图 2-3-7　"魔术橡皮擦工具"选项栏

3. 图层蒙版

图层蒙版主要用于合成图像。它用于图像图层在不被改变的情况下，控制图层中不同区域显示或隐藏。蒙版是通过灰度信息来控制图像的显示区域：蒙版白色区域显示出图像；蒙版黑色区域遮盖图像；蒙版的灰色度不同，图像按不同透明度进行显示，效果如图 2-3-8 所示。

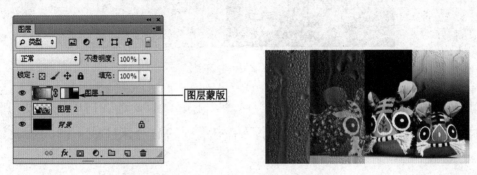

图 2-3-8　图层蒙版及生成效果

蒙版分为快速蒙版、图层蒙版、矢量蒙版和剪贴蒙版 4 种。其中矢量蒙版和剪贴蒙版在后面的任务中详细介绍。

在编辑图像时可以为某一个图层或多个图层添加蒙版，并对添加的蒙版进行编辑、隐藏、链接、删除等操作。

（1）创建图层蒙版

① 通过图层面板添加蒙版，单击图层面板下方的"添加图层蒙版"按钮，可以创建一个图层蒙版；按住【Alt】键的同时，单击按钮，则创建一个隐藏当前图层内容的黑色蒙版。

② 通过"图层"菜单也可以创建蒙版，执行"图层→创建图层蒙版→显示全部"命令，可以创建一个显示当前图层全部内容的白色蒙版；执行"图层→创建图层蒙版→隐藏全部"命令，可以创建一个隐藏当前图层内容的黑色蒙版。

锁住的背景图层是不能添加蒙版的。可以通过复制背景图层，或者双击背景图层的方法，将背景图层转换为普通图层，这样才能添加蒙版。

（2）从选区中生成蒙版

图像中绘制了选区，可通过以下几种方法生成图层蒙版。

① 单击"图层"面板下方的"添加图层蒙版"按钮，可从选区中生成蒙版，选区内的图像是可见的，选区外的图像被蒙版遮盖，可显示下一个图层中的图像，如图 2-3-9、图 2-3-10

所示。

图 2-3-9　具有选区的图像

图 2-3-10　生成图层蒙版效果

② 执行"图层→图层蒙版→显示选区"命令，生成蒙版，选区内的图像是可见的，选区外的图像被蒙版遮盖。其他形式可通过执行菜单中不同的命令来生成不同的蒙版效果。

（3）快速蒙版

快速蒙版是一种临时的蒙版，它其实是一种通道。单击工具箱中的"以快速蒙版模式编辑"按钮 即可进入快速蒙版编辑状态。使用笔刷工具在图像上所要选区来回涂抹，可加上红色遮色片。使用橡皮擦工具在图像上来回涂抹则可以擦除红色遮色片，交互使用笔刷和橡皮工具，使图像只显示用户所要的范围，如图 2-3-11 所示。

遮色片编辑完成后再单击"以标准模式编辑"按钮 即可得到用户想要的选区，如图 2-3-12 所示。

图 2-3-11　快速蒙版涂抹效果　　　　　图 2-3-12　生成选区效果

（4）蒙版的操作

① 删除图层蒙版。选择图层，在图层蒙版缩略图上右击，从弹出的快捷菜单中选择"删除图层蒙版"选项，将蒙版中所有的操作删除，图层恢复最原始状态。

在"图层面板"中，把鼠标放置在图层蒙版处按住鼠标左键将其拖曳至 按钮，单击提示框中的 应用 按钮，应用图层蒙版效果并将其删除；单击 删除 按钮，则直接删除图层蒙版。

② 编辑蒙版。在"图层面板"中，单击图层蒙版缩略图，蒙版缩略图外侧有一个白色的

边框，它表示蒙版处于编辑状态，如图 2-3-13 所示，可使用绘画工具对蒙版进行随意编辑。如果要编辑图像，则单击图像缩略图，将边框转移到图像上，如图 2-3-14 所示。

图 2-3-13　蒙版编辑状态　　　　　　图 2-3-14　蒙版处于未编辑状态

③ 停用或启用图层蒙版。在图层蒙版缩略图上右击，弹出图层蒙版编辑的快捷菜单，选择"停用图层蒙版"选项，图层蒙版缩略图上会出现一个红色的"×"，如图 2-3-15 所示，将暂停图层蒙版的作用；如果想再次使用蒙版效果，则在右击后选择"启用图层蒙版"选项，图层蒙版又可以发挥作用。

图 2-3-15　停用蒙版操作过程

④ 链接与取消链接蒙版。创建图层蒙版后，图像缩览图和蒙版缩览图之间有一个链接按钮▓，此时图像及蒙版可以同时操作。单击▓按钮，可取消链接，或者执行"图层→图层蒙版→取消链接"命令，取消后蒙版和图层分别操作。如果需再次链接，则执行"图层→图层蒙版→链接"命令，或者再次单击▓按钮，即可链接。

 **任务描述**

根据所提供的素材，完成图像合成，如图 2-3-16 所示。

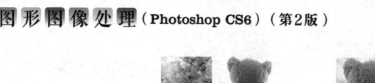

图 2-3-16　素材及效果

 任务实现

（1）打开素材"2-3-1.jpg""2-3-2.jpg""2-3-3.jpg"文件，选择"2-3-2.jpg"文件窗口。

（2）双击"图层"调板中"背景"层，将背景层解锁。

（3）执行"选择→色彩范围"命令，弹出"色彩范围"对话框，单击 按钮，将"颜色容差"值设置到最大值"200"，如图 2-3-17 所示。单击 确定 按钮，效果如图 2-3-18 所示。

图 2-3-17　"色彩范围"对话框　　　图 2-3-18　生成选区效果

（4）单击"图层"调板下方的"添加蒙版"按钮 ，生成蒙版效果，如图 2-3-19 所示。

图 2-3-19　生成蒙版效果

（5）小熊的眼睛及身体衣服部位有缺损，此时可以利用蒙版功能来进行补缺。在"图层"调板单击蒙版缩览图，保证蒙版处于可编辑状态。

（6）选择工具箱中的画笔工具 ，并且确定前景色为"白色"，在图像窗口中涂抹小熊眼睛及身体位置，如图 2-3-20 所示，涂抹后的效果如图 2-3-21 所示。

图 2-3-20　涂抹小熊面部效果

图 2-3-21　涂抹完成效果

（7）选择工具箱中的移动工具 ，将小熊图像拖到"2-3-1.jpg"文件中，效果如图 2-3-22 所示，调整小熊的位置，如图 2-3-23 所示。

图 2-3-22　将小熊图像拖到背景文件中的效果

图 2-3-23　调整小熊位置效果

（8）选择"2-3-3.jpg"文件窗口，选择工具箱中的魔术橡皮擦工具 ，将背景颜色擦除，效果如图 2-3-24 所示。

（9）选择工具箱中的移动工具 ，将图像拖到"2-3-1.jpg"文件中，并调整位置，最终效果如图 2-3-25 所示，完成制作。

（10）保存文件，将文件命名为"2-3 效果.psd"。

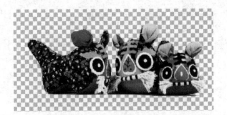

图 2-3-24　擦除背景色效果

图 2-3-25　最终效果

 任务回顾

1. 色彩范围抠图与魔棒工具抠图

色彩范围与魔棒工具的操作原理是一样的，都是根据容差来设定色彩的范围进而选择图像的，且都可以连续创建选区。

色彩范围抠图与魔棒工具抠图不同点：

（1）色彩范围功能比魔棒工具强大，不仅选择的是带透明效果的选区，而且可以随意选择图像中的色彩，而魔棒工具是单一的选择图像。如图 2-3-26 与图 2-3-27 所示，"色彩范围"选取的是粉色，所得到的图像为带透明的效果。

图2-3-26　利用色彩范围选取的效果　　　　图2-3-27　利用魔棒工具选取的效果

（2）色彩范围所选取的图像带有羽化效果，抠出的图像比较自然，在合成时能自然融合，而利用魔棒工具选取的图像会出现锯齿。

（3）利用色彩范围选取图像。在选择图像时，经常遇到一些不规则的图像，如流动的云彩、燃烧的火焰、游离的光束等，利用色彩范围来进行选择很容易得到。如图2-3-28所示的火焰，通过色彩范围选取后，完成效果制作。

图2-3-28　火焰效果的制作

2．细化选区

在一般选择头发等细微的图像时，可以先执行"魔术棒""快速选择"或"蒙版"等命令创建一个大致的选区，再执行"调整边缘"命令对选区进行细化，从而选中对象。执行"调整边缘"命令还可以消除选区边缘周围的背景色、改进蒙版及对选区进行扩展、收缩、羽化等处理。下面介绍"调整边缘"命令的操作。

（1）视图模式

为图像创建选区［图2-3-29（a）］后，可以执行"选择→调整边缘"命令，弹出如图2-3-29（b）所示的对话框，在"视图"选项中选择合适的视图模式，可以更好地观察选区的调整效果。

- 闪烁虚线：系统默认选项，为闪烁边界的标准选区，在羽化的边缘选区上，边界将会围绕被选中50%以上的像素。
- 叠加：可以在快速蒙版状态下查看选区，如图2-3-30所示。
- 黑底：在黑色背景上查看选区，如图2-3-31所示。
- 白底：在白色背景上查看选区，如图2-3-32所示。
- 黑白：可预览用于定义选区的通道蒙版，如图2-3-33所示。
- 背景图层：可查看被选区蒙版的图层，如图2-3-34所示。
- 显示图层：可在未使用蒙版的情况下查看整个图层，如图2-3-35所示。

- 显示半径：显示按半径定义的调整区域。
- 显示原稿：可查看原始选区。

（a）

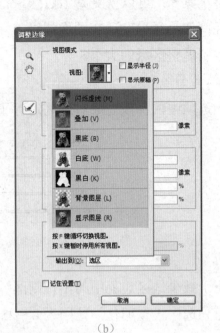
（b）

图 2-3-29 调整边缘

图 2-3-30 叠加

图 2-3-31 黑底

图 2-3-32 白底

图 2-3-33 黑白

图 2-3-34 背景图层

图 2-3-35 显示图层

（2）细化工具和边缘检测

细化工具和边缘检测选项如图 2-3-36 所示。

图 2-3-36 "边缘检测"选项

- 调整半径工具 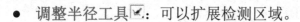：可以扩展检测区域。
- 抹除调整工具 ：可以恢复原始边缘。
- 智能半径：使半径自动适合图像边缘。
- 半径：控制调整区域的大小。

（3）调整边缘选项

"调整边缘"选项中的各项完成对选区进行平滑、羽化、扩展等处理，如图 2-3-37 所示。

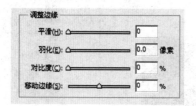

图 2-3-37 "调整边缘"选项

- 平滑：用于减少选区边界中的不规则区域，创建更加平滑的轮廓。
- 羽化：可为选区设置羽化，范围为 0~250 像素。
- 对比度：可以锐化选区边缘并去除模糊的不自然感。
- 移动边缘：负值收缩选区边界，正值扩展选区边界。

（4）指定输出方式

"输出"选项用于消除选区边缘的杂色、设定选区的输出方式，如图 2-3-38 所示。

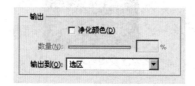

图 2-3-38 "输出"选项

- 净化颜色：选择该选项后，拖动"数量"滑块可以去除图像的彩色杂边。"数量"值越大，清除范围越广。
- 输出到：在该选项的下拉列表中可以选择选区的不同输出方式，包括选区、图层蒙版、新建图层及新建带有图层蒙版的图层。

3. 选取图像后的修复和补救

虽然在 Photoshop 中利用工具及命令很容易得到所需要的图像，但在操作中经常出现图像的损失、丢失及多余的部分，此时需要进行修复和补救。在操作中经常采用仿制图章工具、历史记录画笔工具及橡皮擦工具对受损的图像进行修复。这些工具的具体用法将在后面任务中进行分析。

实战演练

根据所提供的素材，完成图像的合成，如图 2-3-39 所示。

图 2-3-39　素材及效果

 提示

① 仔细观察各图像文件，选择合适的工具及命令进行抠图。

② 进行蒙版操作时，注意当前是蒙版操作还是图层操作。如果觉得图像有多余的部分，则可以将画笔颜色换成黑色去涂抹蒙版，遮盖掉多余的部分；反之，则用白色画笔。

③ 注意操作过程中图层的关系。

项目小结

在图像合成中，首先是创建选区，通过选区的创建抠出素材图像，然后进行删除杂乱的背景及替换当前选区内的图像等相关操作。本项目主要是通过不同方法产生选区，来完成图像素材的选取，为后期的设计及处理打下基础。

图像的编辑与修饰

编辑与修饰功能是所有图形图像处理软件中最重要的功能之一。Photoshop CS6 的工具箱提供了强大的图像处理工具，熟练地使用这些工具和命令，可以调整图像的大小和位置，能将图像中不满意的地方进行修改和修复，使图像达到理想的效果，并可以对图像进行修饰美化。本项目将系统介绍图像编辑的基本概念与主要命令和工具。

 图像的调整

 学习目标

- 图像的尺寸和分辨率
- 图像编辑命令及其操作方法

准备知识

编辑功能是所有图形图像处理软件中最重要的功能之一。"编辑"菜单提供了大量的对图层或选区进行编辑的命令。熟练地使用这些命令，可以调整图像大小和位置，并能进行简单造型。

1. 修改图像的尺寸和分辨率

图像的尺寸和分辨率直接影响图像打印或印刷的精度，执行"图像大小"命令，可以查看当前图像的大小信息，并可以重新定义图像的大小、打印尺寸和分辨率。但需要注意的是，如果更改了图像的大小，会导致图像的品质受到影响。

查看和更改当前图像大小的方法有两种：一是执行"图像→图像大小"命令；二是在图像文件的标题栏上单击鼠标右键，在弹出的快捷菜单中选择"图像大小"命令，然后在弹出的"图像大小"对话框中进行设置。

2. 参考点

在所有的变换操作中都是围绕一个称为"参考点"的固定点执行的，默认情况下，这个参考点就是位于变换对象的中心，也就是执行命令时出现的"定界框"的中心，如图 3-1-1 所示。

图 3-1-1　"定界框"效果

可以用以下方法设置和移动变换参考点。

（1）执行"编辑→自由变换"命令或菜单"编辑→变换"子菜单下的各种命令，图像上都会出现定界框。

（2）在工具选项栏上，单击"参考点定位符"▦上的方块。每个方块表示"定界框"上的一个调节点。例如，如果要将参考点设置到定界框的左上角，则可单击"参考点定位符"▦左上角的调节点。

（3）在图像中拖曳参考点，中心便可以位于想要变换的图像之外。例如，要将一个图像有规律地旋转复制，具体的操作如下。

① 选取该图像，执行"编辑→变换→旋转"命令，此时在图像四周出现"定界框"。

② 单击定界框中心的"参考点"，然后拖到图像的下方，如图 3-1-2 所示。

③ 在选项栏 ⊿ 0.0 度 处填入旋转角度为"45°"，图形效果如图 3-1-3 所示。单击选项栏的 ✓ 按钮，确定图形的旋转。

④ 连续按键盘上的【Shift+Ctrl+Alt+T】组合键 7 次，将图形重复复制变形，如图 3-1-4 所示，形成新的有规律的图案。

以下复制的操作在图像处理时十分有效，建议多进行这方面的专门练习。

● 按住【Ctrl+Alt】组合键的同时拖曳鼠标可以复制当前层或选区内容。

● 如果已经复制了一张图片储存在剪贴板中，Photoshop 在新建文件时，就会自动以这个图片的大小为默认值。如果不需要这个默认的值，则可按【Ctrl+Alt+N】组合键。

- 在执行"自由变换"命令时，按住【Alt】键复制原图层，在复制图层上进行变换操作。

图 3-1-2　拖曳参考点　　　　图 3-1-3　"旋转"命令效果　　　　图 3-1-4　重复旋转效果

3．图像编辑

"编辑"菜单中提供了大量的图像编辑命令，执行这些命令，可以完成大部分图像编辑工作。

（1）还原与重做

"还原/重做"是 Photoshop 最基本的编辑命令，在操作过程中如果产生错误，则可以使用这两个命令来进行撤销和重复。"还原"命令用来撤销最后一次做的修改，恢复为上次操作之前的状态，"重做"命令用来重做被撤销的上一次操作，相当于取消"还原"命令。

（2）向前与返回

在 Photoshop 中"向前/返回"命令的功能类似于"重做/还原"命令，但"向前/返回"命令可以在多步之间连续切换。

（3）图像的剪切、复制和粘贴

执行"编辑"中的"剪切"或"复制"命令，可以将当前图层上的选区剪下来或复制下来。"剪切"的区域在原图中不再存在，而"复制"后原图还保持不变，只是将所选的内容复制出一份。

执行"剪切"或"复制"命令后，Photoshop 会自动将当前图层上的选区内容复制到剪贴板上，剪贴板是临时存放选区内容的区域，每次将选区剪切或复制到剪贴板上，该选区的内容就会覆盖剪贴板上已有的内容，即剪贴板每次只能保存一项选区内容。

在执行"剪切"或"复制"命令后，再执行"编辑→粘贴"命令，可将剪贴板上的内容复制到当前工作文件中，并形成一个新的图层。

（4）合并复制

在没有合并图层的情况下，想要将多个图层上的图像一并进行复制，就可使用这个命令了。下面举例说明。

① 打开如图 3-1-5 所示的"树木.psd"文件，该文件所包含的图层如图 3-1-6 所示。

② 选择工具箱中的矩形选框工具▭，创建一个选区，如图 3-1-7 所示。

图 3-1-5　打开的文件　　　　图 3-1-6　文件所包含的图层　　　图 3-1-7　创建的选区

③ 执行"编辑→合并复制"命令，将选区的内容复制到剪贴板上。

④ 创建一个新的文件，所有参数采用系统默认值；执行"编辑→粘贴"命令，这时可见选区内所有图层的图像都被复制过来了，效果如图 3-1-8 所示，粘贴后的文件的图层如图 3-1-9 所示。

图 3-1-8　粘贴后的效果　　　　　　图 3-1-9　粘贴后的文件的图层

（5）图层图像与选区图像的变化

执行"编辑→自由变化"命令或按【Ctrl+T】组合键，可以对选区或除背景图层外的所有图层进行自由变形，即缩放、旋转、斜切、扭曲和透视变化，不必要执行其他命令，该命令在本案例里已经多次使用。

执行"编辑→变换"命令，可以进行更加丰富的变换操作。"变换"子菜单如图 3-1-10 所示。

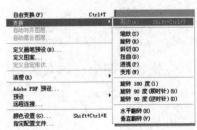

- 再次：用于重复上次的变形操作。
- 缩放：可对图像进行放大、缩小的变换。
- 旋转：可对图像进行任意一个角度的旋转变换。
- 斜切：可使调节点沿水平或垂直方向移动变换图像。

图 3-1-10　"变换"子菜单

- 扭曲：可任意调节各调节点变换图像。
- 透视：可调节"定界框"4 个角上的调节点沿水平和垂直方向移动使图像产生透视效果。
- 变形：通过调节"变形控制网格"，可对图像进行更细致的变形操作，可以产生多种曲面、球面等效果。
- 旋转 180 度/旋转 90 度（顺时针）/旋转 90 度（逆时针）：可使图像按照所指定的角度和方向旋转。

● **水平翻转/垂直翻转**：使图像沿水平/垂直轴翻转。

各种变换效果如图 3-1-11 所示。

（a）原图

（b）缩放效果

（c）旋转效果

（d）斜切效果

（e）扭曲效果

（f）透视效果

（g）变形效果

（h）旋转 180 度效果

（i）旋转 90 度（顺时针）效果

（j）旋转 90 度（逆时针）效果

（k）水平翻转效果

（l）垂直翻转效果

图 3-1-11　各种变换效果

4．图像调整

（1）画布大小调整

执行"图像→画布大小"命令可以修改当前图像的画布
大小，也可以通过减小画布尺寸来裁剪图像，增加画布大小
则可显示出与背景色相同的颜色和透明度。

执行"图像→画布大小"命令，弹出如图 3-1-12 所示的
"画布大小"对话框。

其中各选择项的含义如下。

图 3-1-12　"画布大小"对话框

● **当前大小**：显示当前画布的大小。

● **新建大小**：可以设置新的画布的尺寸，"相对"选项表示输入的数值为相对的量，输入
正数则为增加的数量，输入负数则为减少的数量；在"定位"选项中可以单击一个方块
来确定图像在新的画布中的位置。默认为中间方块，表示调整画布大小后，图像在画布

的中间。

图 3-1-13 和图 3-1-14 分别表示原画布大小和扩展画布后的效果。

图 3-1-13　原画布大小　　　　　图 3-1-14　扩展画布后的效果

（2）旋转画布

执行"图像→图像旋转"子菜单的各个命令，可以对图像进行旋转或翻转。但这些命令不能使用于单个图层、部分图层和选区边框的操作。菜单"图像→图像旋转"子菜单如图 3-1-15 所示。执行"图像→图像旋转→任意角度"命令，弹出"旋转画布"对话框，如图 3-1-16 所示。其中"角度"选项表示旋转的度数。

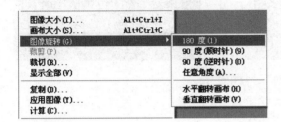　　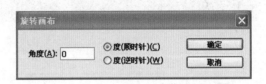

图 3-1-15　菜单"图像→图像旋转"子菜单　　　图 3-1-16　"旋转画布"对话框

（3）视图大小调整

在对图像进行编辑时，经常需要改变图像显示比例，以便查看和修改细节，Photoshop 提供了相关的工具和命令。

① 缩放工具和抓手工具。选择工具箱中的缩放工具，将鼠标移动到要放大图像的地方或按住鼠标左键拖曳都可将图像成比例放大或缩小，Photoshop CS6 最大的倍数可以达到原图像的 3 200%。

在放大后的视图中使用抓手工具可将窗口中无法观察到的图像显示出来。

② 使用"视图"菜单。执行"视图"菜单中的 5 个相关命令，如图 3-1-17 所示，都可以改变视图的大小。

③ 使用"导航器"调板。在"导航器"中可以对当前视图的比例进行调整，如图 3-1-18 所示。如果输入数值，就使视图按照输入数值进行缩放；单击按钮将缩小视图，单击按钮将放大视图。图 3-1-18 中红色方框内的部分表示当前窗口所显示的内容。

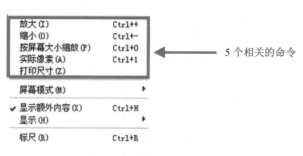

图 3-1-17 "视图"菜单　　　　　　　　　　图 3-1-18 "导航器"调板

 任务描述

完成图 3-1-19 所示照片效果的制作。

图 3-1-19 素材案例效果

 任务实现

1. 照片调整

（1）打开素材"2-3a.jpg"，通过观察可见图片中的建筑是斜的，因此需要对该建筑进行调整，使之垂直于地面。

（2）在工具栏中选择裁切工具，在图像中进行裁剪，并调所选调整框的角度，如图 3-1-20 所示。

（3）调整后，按【Enter】键确定，再利用裁切工具将多余的边界裁切，效果如图 3-1-21、图 3-1-22 所示。

图 3-1-20 裁剪选框　　图 3-1-21 再次裁切　　图 3-1-22 裁切完成效果

2．图像合成

（1）打开素材"2-3b.jpg"文件，将已经裁切完的图像拖到该文件中。

（2）执行"编辑→自由变换"命令，按住【Ctrl】键，将图像调整到适合照片的位置，如图 3-1-23 所示。

图 3-1-23　"自由变换"后的效果

（3）执行"编辑→变换→变形"命令，弹出九格的调整框，通过调整，使图片适应素材中的折角效果，如图 3-1-24 所示。

（4）重复前面 3 个步骤，完成制作，最终效果如图 3-1-25 所示。

图 3-1-24　"变形"后的效果　　　　图 3-1-25　最终效果

 ## 任务回顾

1．裁切图片

裁切是一种重要的修饰手段。通过裁切可突出图像中的重点，去除不需要的景物。裁切手段也是一门创造性的照片构图艺术，大多摄影师都需要使用裁切手段，创造出突出重点且具有活力的作品。

裁剪工具 ┗ 可以在图像中或图层中剪裁所选定的区域。

图像区域选定以后，在选区边缘将出现 8 个控制点，如图 3-1-26 所示。用于调整选区的大小和旋转选区。

图 3-1-26　显示控制点

（1）使用裁剪工具裁剪图像

在"裁剪工具"属性栏上，"宽度"和"高度"参数用来设置裁切的大小，"清除"按钮用于清除所有设置，"分辨率"参数用于设置裁剪下来的图像的分辨率，如图 3-1-27 所示。

图 3-1-27 "裁剪工具"属性栏

- 要裁剪图像而不重新取样（默认），需确保选项栏上的"分辨率"文本框是空白的。可以单击"清除"按钮以快速清除所有文本框。
- 要在裁剪过程中对图像进行重新取样，须在选项栏上输入"高度"、"宽度"和"分辨率"的值。除非提供了宽度、高度及分辨率，否则裁剪工具将不会对图像重新取样。如果输入了高度和宽度尺寸并且想要快速交换值，则单击"高度和宽度互换"图标 ⇄。
- 如果要基于一幅图像的尺寸和分辨率对另一幅图像进行重新取样，则打开依据的图像，选择裁剪工具，单击选项栏上的"前面的图像"按钮。然后使要裁剪的图像成为现用图像。
- 若在裁剪时进行重新取样，则使用"常规"首选项中设置的默认值方法。

完成裁剪后，按【Enter】键或单击选项栏上的"提交"按钮 ✔，或者在裁剪选框内双击。要取消裁剪操作，则按【Esc】键或单击选项栏上的"取消"按钮 ⊘。

（2）使用裁切命令裁剪图像

具体操作如下。

① 使用选区工具来选择要保留的图像部分。

② 执行"图像→裁切"命令。

（3）使用裁切命令裁剪图像

"裁切"命令通过移去不需要的图像数据来裁剪图像，其所用的方式与裁剪工具所用的方式不同。可以通过裁切周围的透明像素或指定颜色的背景像素来裁剪图像。具体操作如下。

执行"图像→裁切"命令，弹出"裁切"对话框。

在"裁切"对话框中选择选项：

"透明像素"修整掉图像边缘的透明区域，留下包含非透明像素的最小图像。

"左上角像素颜色"从图像中移去左上角像素颜色的区域。

"右下角像素颜色"从图像中移去右下角像素颜色的区域。

选择一个或多个要修整的图像区域："顶"、"底"、"左"或"右"。

2．变形

"变形"命令允许用户拖动控制点以变换图像的形状或路径等。也可以使用选项栏上"变形样式"下拉菜单中的形状进行变形。"变形样式"下拉菜单中的形状也是可延展的，可拖动它们的控制点。

当使用控制点来扭曲项目时，执行"视图→显示额外内容"命令可显示或隐藏变形网格和控制点，如图 3-1-28 所示。

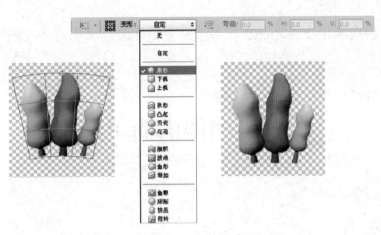

图 3-1-28　使用变形

如果执行另一个变换命令或"自由变换"命令，单击选项栏上的"在自由变换和变形模式之间切换"按钮。

具体操作如下。

（1）要使用特定形状进行变形，可从选项栏上的"变形"下拉菜单中选取一种变形样式。

拖动控制点可将网格变形，如图 3-1-29 所示。要还原上一次手柄调整，可执行"编辑→还原"命令。

（2）要变换形状，可拖动控制点、外框或网格的一段或网格内的某个区域。在调整曲线时，请使用控制点手柄。这类似于调整矢量图形曲线线段中的手柄，如图 3-1-30 所示。

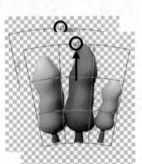

图 3-1-29　拖动控制点可将网格变形

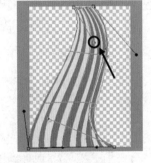

图 3-1-30　变换一种变形的形状

（3）更改从"变形"菜单中选取的一种变形样式的方向，单击选项栏上的"更改变形方向"按钮。

（4）更改参考点，单击选项栏上"参考点定位符"上的方块。

（5）使用数字值指定变形量，在选项栏上的"弯曲"（设置弯曲）、"H"（设置水平扭曲）和"V"（设置垂直扭曲）文本框中输入值。如果从"变形样式"下拉菜单中选择了"无"或"自定"则无法输入数字值。

（6）按【Enter】键或单击选项栏上的"提交"按钮✔确定变形操作。要取消变换，可按【Esc】键或单击选项栏上的"取消"按钮。

重要说明：在对位图图像进行变形时（与形状或路径相对），每次提交变换时它都变得略为模糊，因此，在应用渐增变换之前执行多个命令要比分别应用每个变换更可取。

 图像的简单润饰

 学习目标

➢ 模糊工具、锐化工具、涂抹工具的使用
➢ 加深、减淡、海绵工具的使用

 准备知识

Photoshop CS6 提供了强大的图像修饰工具，利用这些工具可以将已有的图像润饰得更加精美，使图像达到理想的效果。

Photoshop CS6 提供了 6 个修饰工具，分别是模糊工具 ○、锐化工具 △、涂抹工具 ☝、减淡工具 ✎、加深工具 ✋ 和海绵工具 ⬤。

（1）模糊工具 ○。模糊工具 ○ 是一种通过画笔使图像变模糊的工具，其原理是通过降低像素之间的反差来实现的。该工具属性栏如图 3-2-1 所示。

图 3-2-1 "模糊工具"属性栏

● 强度：选择画笔的压力大小。强度越大其模糊效果就越明显。
● 对所有图层取样：使画笔作用于所有图层的可见部分。

图 3-2-2 所示为使用模糊工具前后的对比效果。该工具经常用于图像处理后边缘与背景之间过于明显时，处理边缘的效果，使图像与背景调和柔化。

（2）锐化工具 △。锐化工具 △ 与模糊工具 ○ 的作用相反，它是一种使图像色彩锐化的工具，即增大像素间的反差。其属性栏与模糊工具的完全一样。

图 3-2-3 所示为使用锐化工具前后的对比效果。该工具经常用于处理拍摄照片时因聚焦不准等原因而导致图像的不清晰。

（3）涂抹工具 ☝。涂抹工具 ☝ 可产生类似于用画笔在未干的油墨上擦过的效果，其笔触周围的像素将随笔触一起移动。该工具的属性栏如图 3-2-4 所示。

该工具比前面两个工具在属性栏上多了一个"手指绘画"复选框，选中"手指绘画"复选框后，可设定涂抹的色彩，如同用蘸上色彩的笔在未干的油墨上绘画一样。

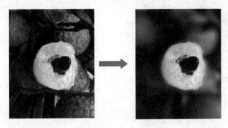

图 3-2-2　使用模糊工具前后的效果

图 3-2-3　使用锐化工具前后的效果

图 3-2-4　"涂抹工具"属性栏

（4）减淡工具 。减淡工具 的主要作用是改变图像的曝光度，修改图像中局部曝光不足的区域，使用减淡工具后，可对该局部区域图像增加明亮度。该工具属性栏如图 3-2-5 所示。

图 3-2-5　"减淡工具"属性栏

其中"范围"下拉列表中有 3 个选项。

● 阴影：减淡工具只作用于图像的暗调区域。

● 中间调：减淡工具只作用于图像的中间调区域。

● 高光：减淡工具只作用于图像的亮调区域。

另外"曝光度"可以调整处理图像的曝光强度。

（5）加深工具 。加深工具 与减淡工具 的效果刚好相反，是用来降低图像的曝光度的。

（6）海绵工具 。海绵工具 用来调整图像的饱和度。利用海绵工具，可增加或减少局部图像的颜色浓度。该工具属性栏如图 3-2-6 所示。

图 3-2-6　"海绵工具"属性栏

图 3-2-7 所示为使用减淡工具、加深工具和海绵工具的效果。

（a）原图　　　　　　（b）使用减淡工具效果　　　　　（c）使用加深工具效果

图 3-2-7　使用减淡工具、加深工具和海绵工具的效果

（d）使用海绵工具"去色"效果　　　（e）使用海绵工具"加色"效果

图 3-2-7　使用减淡工具、加深工具和海绵工具的效果（续）

 任务描述

对图像进行简单的修饰，制作出如图 3-2-8 所示的效果。

图 3-2-8　照片的润饰效果

 任务实现

（1）打开照片素材"3-2.jpg"，将素材以 100%的比例显示。

（2）选择工具箱中的加深工具，并在上方选项栏上设置画笔大小为 100 像素，曝光度为 30%。按下鼠标左键，沿着图像中花环的左、下及右方边缘进行涂抹。不断变换画笔大小及曝光度，涂抹效果如图 3-2-9 所示。

（3）继续使用加深工具，设置画笔大小为 100 像素，曝光度为 15%。对花环的其他部分进行涂抹。不断变换画笔大小及曝光度，涂抹效果如图 3-2-10 所示。

图 3-2-9　加深工具涂抹　　　图 3-2-10　加深工具涂抹花环其他部分

（4）选择工具箱中的减淡工具，并在上方选项栏上设置画笔大小为 100 像素，曝光度为 40%。按下鼠标左键，对图像中间的两盆花进行涂抹。不断变换画笔大小及曝光度，调整两盆花的亮度，效果如图 3-2-11 所示。

（5）选择工具箱中的模糊工具 ，设置画笔大小为 100 像素，强度为 30%。按下鼠标左键，沿着图像中花环的左、下及右方边缘进行涂抹。不断变换画笔大小及强度，涂抹效果如图 3-2-12 所示。

图 3-2-11　减淡工具调整亮度　　　　图 3-2-12　花环边缘模糊效果

（6）调整画笔大小及强度，对花环的其他部分进行涂抹。涂抹效果如图 3-2-13 所示。

（7）选择工具箱中的锐化工具 ，设置画笔大小为 100 像素，强度为 15%。按下鼠标左键，对图像中间的两盆花进行涂抹。不断变换画笔大小及强度，调整两盆花的清晰度，效果如图 3-2-14 所示。

图 3-2-13　花环其他部分模糊效果　　　图 3-2-14　锐化工具调整清晰度

（8）选择工具箱中的涂抹工具 ，设置画笔大小为 100 像素，强度为 15%。对花环部分进行涂抹。不断变换画笔大小及强度，制作动感效果如图 3-2-15 所示。

（9）选择工具箱中的海绵工具 ，设置画笔大小为 120 像素，模式为"饱和"，流量为 20%。对花环部分进行涂抹，再对图像中间的两盆花进行涂抹，效果如图 3-2-16 所示。

　　　　　　　　　　　　　　　　　　（a）涂抹花环　　　　（b）涂抹花盆

图 3-2-15　涂抹工具制作动感效果　　　图 3-2-16　海绵工具增加饱和度

任务回顾

本任务应用修饰工具对素材进行了后期的润饰，以求达到所需要的视觉效果。除修饰工具组外，Photoshop CS6 中的橡皮工具组，也有图像润饰的功能。

1. 橡皮工具组

橡皮工具组的主要任务是完成对图像的擦除，包含橡皮擦工具、背景橡皮擦工具和魔术橡皮擦工具3 种工具。

（1）橡皮擦工具。使用橡皮擦工具擦除图像时，会以设置的背景颜色填充图像中被擦除的部分。"橡皮擦工具"属性栏如图 3-2-17 所示。

图 3-2-17 "橡皮擦工具"属性栏

- 画笔：可以用来设置笔尖的形状、大小、硬度及其角度、圆度等。

- 模式：选择以哪种效果进行擦除，提供了画笔、铅笔和块 3 种模式。图 3-2-18 所示为不同模式的擦除效果。

- 不透明度：用于设置画笔或铅笔擦除效果的不透明度。图 3-2-19 所示为不同透明度的擦除效果。

- 抹掉历史记录：擦除的图像部分会以"历史记录"调节器板中记录的图像最初画面状态进行填充，而不是使用背景色填充，类似历史记录画笔工具。

图 3-2-18 不同模式的擦除效果

图 3-2-19 不同透明度的擦除效果

（2）背景橡皮擦工具。背景橡皮擦工具在拖曳时可以将背景层和普通层的图像都擦成透明色，而且当应用于背景层时，背景层会自动转换成普通图层。该工具属性栏如图 3-2-20 所示。

图 3-2-20 "背景橡皮擦工具"属性栏

画笔选项在前面已经介绍了，下面就其他选项进行介绍。

- 颜色取样方式。有 3 种方式："连续"选项表示当鼠标在图像中拖曳时，拖曳经过处的颜色即为擦除颜色；"一次"选项表示当鼠标在图像中单击时的颜色即为擦除颜色；"背景颜色"选项表示擦除的颜色即为同背景一样的颜色。

● 限制。该下拉列表框中有 3 种限制擦除模式："不连续"选项，擦除图像中任何位置的图像；"连续"选项，则会擦除包含取样色且相互连接的图像区域；"查找边缘"选项，用来擦除图像对象周围的取样色，使对象更加突出。

● 容差。表示擦除的颜色的相似度。

下面以一个小案例来介绍，具体步骤如下。

① 打开如图 3-2-21 所示的"花.jpg"文件。

② 选择工具箱中的背景橡皮擦工具，并在属性栏上设置合适大小的画笔，取样处选择"一次"。

③ 在白色小花处单击鼠标左键，然后拖曳鼠标，可见被擦除的为刚才取样的白色，其他部位保持不变，擦除效果如图 3-2-22 所示。

图 3-2-21　打开"花.jpg"文件　　　　图 3-2-22　擦除了白色花的效果

（3）魔术橡皮擦工具。使用魔术橡皮擦工具可以擦除该图层中所有相近的颜色或只擦除连续的像素颜色。该工具属性栏如图 3-2-23 所示。

图 3-2-23　"魔术橡皮擦工具"属性栏

实战演练

使用所提供的素材制作"雪糕"效果。素材及效果如图 3-2-24 所示。

图 3-2-24　素材及效果

> **提示**

使用涂抹工具、加深工具、减淡工具等工具，完成"雪糕"的效果。

 任务3 图像的修复修补

 学习目标

➤ 图章工具的使用
➤ 修复修补工具的使用

准备知识

图像的修复工具主要在工具箱中的"图章工具组"和"修复工具组"中。主要是对图像缺损的部分进行修补或将图像中的像素进行复制，在数码照片的处理中使用非常广泛。

1. 图章工具组

在制作图像的过程中经常会重复某一部分的图案，或者需要对残缺的图像进行修复，这时就可以利用图章工具组和"仿制源"调板。图章工具组包括两个工具：仿制图章工具 和图案图章工具 。

（1）仿制图章工具

仿制图章工具 可用于复制图像的一部分。选中该工具，按住【Alt】键单击图像中需要仿制复制的部位生成样本，然后在粘贴位置按下鼠标左键进行绘制。

（2）图案图章工具

图案图章工具 常用于完成背景的制作。该工具能够将所需要图案复制到图像上，操作时选择该工具后再选择相应的图案。

（3）"仿制源"调板

利用"仿制源"调板，可以重复定义和使用 5 个不同的仿制源样本，还可以对移动、缩放、角度方面进行设置，这些都通过"仿制源"调板进行操作。在如图 3-3-1 所示的"仿制源"

图 3-3-1 "仿制源"调板

调板上定义了 5 个不同仿制源。

使用"仿制源"调板还可以在进行仿制时显示如下效果选项。

- 显示叠加：在仿制操作中显示预览效果，从而避免错误操作。
- 不透明度：用于制作叠加预览图的不透明度显示效果，数值越大，显示效果越清晰。
- 已剪切：剪切叠加至当前画笔。
- 自动隐藏：将叠加的预览图隐藏，不显示。
- 模式列表：显示叠加预览图像与原始图像的叠加模式。
- 反相：叠加预览图像呈反相显示状态。

2. 修复工具组

修复工具组主要包括污点修复画笔工具、修复画笔工具、修补工具和红眼工具。利用这些工具，可以有效地清除图像上的杂质、刮痕和褶皱等瑕疵，对破损或不理想的图像局部用最接近的像素进行修复。

（1）污点修复画笔工具

用于去除照片中杂色或污斑，如皮肤上的黑痣、雀斑等。使用该工具时不需要采样，只要单击图像中的污点处即可。其选项栏如图 3-3-2 所示，其中主要选项说明如下。

图 3-3-2 "污点修复画笔工具"选项栏

- 画笔：用于设置笔尖的形状、大小、硬度及其角度、圆度等。
- 模式：用于设置填充的像素与底图的混合效果。
- 类型：用于设置取样，其中"近似匹配"表示取样图像相近区域的不透明度、颜色与明暗度；"创建纹理"表示取样为周围像素的纹路。

（2）修复画笔工具

修复画笔工具其实是借用周围的像素和光源来修复一幅图像的。该工具能将这些像素的纹理、光照效果和阴影不留痕迹地融入图像的其余部分。在进行图像的修复修补时，除仿制图章工具外还可以使用修复画笔工具来完成。该工具选项栏如图 3-3-3 所示，除与污点修复画笔工具类似的选项外，其他主要选项说明如下。

图 3-3-3 "修复画笔工具"选项栏

- 源：用于修复像素的来源。其中"取样"表示利用图像中的取样进行修复；"图案"表示利用从图案控制面板中选择的图案进行修复。
- 对齐：表示每一次松开鼠标后，再次修复时的原取样图像不会丢失，将继续完成未修复图像对齐前的取样位置，并且不会错位。

在 Photoshop 中，不仅仿制图章工具支持仿制源，修复画笔工具也支持这项功能，用户可以配合仿制源面板来使用它。

（3）修补工具✿

修补工具✿是修复画笔工具✐功能的一个扩展，它利用图像的局部或图案来修复所选图像区域。由于该工具生成选区，它和选区工具类似，可以进行修补选区的加、减及交叉。该工具选项栏如图 3-3-4 所示，其主要选项说明如下。

图 3-3-4　"修补工具"选项栏

- 源：建立的选区为要修改的选区。如果将源图像区域拖至目标区域，则源图像区域的图像将被目标区域的图像覆盖。
- 目标：建立的选区为要取样的选区。如果将目标区域拖至所要覆盖的位置，则目标区域的图像将会覆盖拖曳到区域中的图像。

（4）红眼工具✚◉

红眼工具✚◉是专门用于修饰数码照片的工具，可消除照片中的红眼现象。该工具选项栏如图 3-3-5 所示。

图 3-3-5　"红眼工具"选项栏

完成"红眼工具"选项栏上各个参数的设置后，在图像中红眼位置单击即可消除红眼现象了。

 任务描述

有的照片由于保存的年代太久，或者保存不当，可能会出现破损或有污渍的情况。本任务介绍使用 Photoshop 修复一张带有破损和污渍的照片，并对照片进行处理，增加怀旧的效果，如图 3-3-6 所示。

图 3-3-6　照片的修复修补

任务实现

1. 照片的修复

（1）打开需要修复的照片素材"3-3.jpg"，可以看到该照片上有四处位置需要修复。

（2）首先修复男人衣服上有破损的位置，如图 3-3-7 所示。在工具箱中选择仿制图章工具，并在上方选项栏上设置画笔大小为 20 像素，硬度为 100%。

（3）按住【Alt】键，在衣服没有破损的合适位置单击，选择一块作为样本。松开【Alt】键，在有破损的白色位置涂抹。重复以上步骤，反复定义新的衣服样本并涂抹来消除白色破损处，以获得最佳效果，效果如图 3-3-8 所示。

在此过程中，可以通过【Ctrl++】组合键放大，以及抓手工具移动照片到适当位置，并根据破损的大小减小或增大仿制图章工具画笔的像素、硬度来完成。

（4）由于当前破损的位置明暗度不同，这时可以使用修复画笔工具。选择工具箱中的修复画笔工具，在选项栏上调整画笔的大小和硬度，按住【Alt】键在衣服上定义样本，再在破损的地方涂抹，效果如图 3-3-9 所示。

图 3-3-7　仿制图章工具　　　图 3-3-8　放大照片用不同大小　　　图 3-3-9　修复明暗度不同
　　　　修复部分　　　　　　　　　　的画笔修复　　　　　　　　　　的破损处

（5）当前衣服的硬边上也有破损，可以选择工具箱中的修补工具修复。围绕要修复的图像源画出选区，修补工具选项板设置及绘制选区如图 3-3-10 所示。拖动选区至照片中没有破损的硬边处，形成新的硬边，按【Ctrl+D】组合键取消选区，修复效果如图 3-3-11 所示。

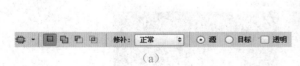  

　　　　　　（a）　　　　　　　　　　　　　　　（b）

　　图 3-3-10　修补工具设置及绘制选区　　　　　　　图 3-3-11　修复效果

用修补工具围绕要修复的图像源画出选区后，将鼠标定位在选区中再按下鼠标左键，拖动到没有破损的硬边处。观察选区中当前的图像效果，当硬边对齐效果合适时才松开鼠标。

（6）反复使用修补工具修复其他破损处，第一处要修复的位置最终效果如图 3-3-12 所示。

（7）第二处是修复女人衣袖有破损的位置。根据（1）～（6）的步骤，选择适当的修补工具，将女人衣袖上的破损修复，修复前后效果如图 3-3-13 所示。

图 3-3-12　第一处修复的效果

（8）第三处是修复男人面部的污渍。由于皮肤明暗度不同，选择使用修复画笔工具。选择工具箱中的修复画笔工具，根据需要在选项栏上调整画笔的大小和硬度修复污渍，效果如图 3-3-14 所示。

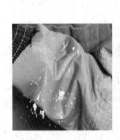

图 3-3-13　女人衣袖破损处修复前后的效果　　　　图 3-3-14　面部污渍修复后的效果

（9）选择工具箱中的仿制图章工具，在选项栏上设置"流量"为"55%"，"画笔硬度"为"50%"，选择不同的画笔大小修复右上角破损的地方。参数设置及效果如图 3-3-15 所示。

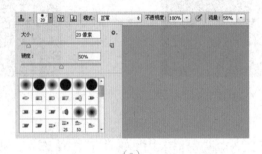

（a）　　　　　　　　　　　　　　　　　（b）

图 3-3-15　右上角破损修复参数设置及效果

2. 照片的润色

执行"图像→调整→色相/饱和度"命令，打开"色相/饱和度"对话框，调整"饱和度"的值为"30"，单击"确定"按钮，效果如图 3-3-16 所示。

（a）　　　　　　　　　　　　　　　　　（b）

图 3-3-16　调整照片饱和度及最终效果

任务回顾

　　该照片的修复主要使用了 3 种工具：仿制图章工具、修复画笔工具和修补工具。在修复较规律、明暗变化不大的图像时，可采用仿制图章工具。例如，本任务中修复衣服时，部分位置可以使用仿制图章工具来完成。在修复明暗变化较大的图像，如任务中衣服的皱折处、人物皮肤时，可采用修复画笔工具。在修复一些相似或带有连续性的图像时，可使用修补工具来完成，如任务中衣服硬边的修复。在修复图像过程中，并不是固定使用哪种工具来完成的，而是根据实际情况配合使用几种工具。图像的修复是一个需要耐心与细心的工作，技术难度并不算大，但是工作量却不算小，工具中画笔大小、硬度及流量、透明度等参数要多试多调整，以达到最好的修复效果。

 实战演练

　　对照片素材进行修复修补，前后效果如图 3-3-17 所示。

图 3-3-17　修复修补前后效果

 提示

① 使用仿制图章工具 将中间的模糊小鸟去除。

② 使用修补工具 选取左边白鹭的一部分倒影，补在右边白鹭下方。

③ 使用仿制图章工具 和修复画笔工具 将右边白鹭下面小鸟部分修补成深色水纹。

任务 4　图像色彩的调整

学习目标

➤ 色调调整命令的使用
➤ 色彩调整命令的使用

准备知识

处理图像色彩是图像处理中一个重要的方面。Photoshop 在色彩处理方面的功能非常强大。通过色彩的修改和编辑，可以很快地纠正图像的颜色及达到一些特殊的艺术效果，让用户能更加灵活自如地创建出自己期望的图像效果。

1．色彩基础知识

（1）色彩

色彩分非彩色和彩色两类。非彩色是指黑、白、灰系统色。彩色是指除非彩色以外的所有色彩，如红、橙、黄、绿、蓝、紫。

（2）原色

原色就是最基本的色，大多数颜色可由三种最基本的原色混合而成，计算机采用的三原色是红、绿、蓝。

（3）明度、色相、饱和度

所有色彩都具有三个基本性质：明度、色相、饱和度。

① 明度。明度是色彩的明暗程度，也称为光度或亮度。在非彩色中，黑色的明度最低，白色最高，中间存在一个从亮到暗的灰色系列。

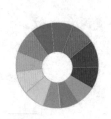

图 3-4-1　色环

在有彩色中，任何一种纯度色都有自己的明度特征。明度高，色彩较亮，明度低，色彩较暗。黄色的明度最高，色彩最亮，其次是橙、绿、红、蓝、紫。

② 色相。色相是色彩的相貌，是区别色彩种类的名称，用不同的名称表示，如红、黄、蓝等。通常用色环来表示色彩系列，如图 3-4-1 所示。

③ 饱和度。饱和度是色彩的纯净程度，或鲜艳、鲜明程度，又称为纯度或彩度。饱和度常用高低来表示，饱和度最高的色是红色，如果将黑、白、

灰与饱和度很高的色彩混合，将会降低色彩的纯净程度。饱和度越高，色越纯、越艳；饱和度越低，色越涩、越浊。

同一个色相，饱和度发生了变化，立即带来色彩的变化。有了饱和度的变化，才使色彩显得极其丰富。

（4）互补色

互补色是色环上任意两个处于相对位置的色彩，又称为对比色，如红与绿、蓝与黄等。

2. 颜色模式

颜色模式是为了方便人们交流而提出的一种用来量化色彩的国际统一标准，它为人们之间关于色彩的交流建立了桥梁，使图像在设计、制作，乃至印刷时都能够使用正确的颜色。在"图像→模式"命令的子菜单中可以对图像的颜色模式进行调整，其中包括 RGB、CMYK、Lab、索引等颜色模式。

（1）RGB 颜色模式

RGB 色彩就是人们常说的三原色，R 代表红色，G 代表绿色，B 代表蓝色。自然界中肉眼所能看到的任何色彩都可以由这三种色彩混合叠加而形成，因此这三种颜色被称为三原色。将所有颜色叠加在一起可产生白色，所以 RGB 颜色模式也成为加色模式。每个色彩数值范围都在 0～255 之间，分别将 R、G、B 数值加到最大时，即为白色，相反为黑色。

（2）CMYK 颜色模式

CMYK 颜色模式是印刷中使用的颜色模式。C 代表青色，M 代表洋红，Y 代表黄色，这三种颜色是由 RGB 色彩分别两两相加而得，所以这三种颜色被称为减色。将这三种颜色油墨混合后生成的颜色实际是土灰色，必须要与 K 代表的黑色油墨合成才能产生真正的黑色。所以这个通过四种油墨色彩混合重现颜色的过程称为四色印刷。

（3）灰度颜色模式

灰度颜色模式使用白到黑之间的 256 级灰度来表现图像信息。0 级灰度代表黑色，255 级灰度代表白色。

以上三种颜色模式广泛应用于广告平面设计领域。使用 RGB 颜色模式或灰度颜色模式对图像进行编辑，再转换为 CMYK 颜色模式用于印刷。

（4）位图模式

位图模式是使用两种颜色值（黑色或白色）来表示图像中的像素。一般用于金属板印刷，是由无规则的黑色小点生成的一种图像。

要将一个 RGB 颜色模式图像转换为位图模式图像，必须先执行"图像→模式→灰度"命令，将图像文件转换为灰度图像，然后才能执行"图像→模式→位图"命令。

（5）双色调模式

双色调模式是通过 2～4 种自定油墨创建双色调、三色调和四色调的灰度图像。如图 3-4-2 所示，在"类型"选项中可以选择"单色调""双色调""三色调""四色调"，这样可以选择相对应的油墨色彩。但需要注意的是这时彩色油墨生成的是着色的灰色，而不是重新生成不同的颜色。

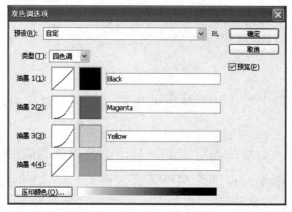

图 3-4-2 "双色调选项"对话框

（6）索引颜色模式

当转换为索引颜色模式时，Photoshop CS6 会构建一个颜色查找表，用以存放索引图像中的颜色。索引模式最多可以使用 256 种颜色。

（7）Lab 颜色模式

Lab 颜色模式，L 代表亮度分量，范围为 0～100，a 分量代表绿-红轴，b 分量代表蓝-黄轴。Lab 颜色是 Photoshop CS6 在不同颜色模式之间转换时使用的中间颜色模式。此种颜色模式在印刷中很少用到。

3. "图像→调整"命令

执行"图像→调整"命令，弹出的菜单包含如图 3-4-3 所显示的常用色彩"调整"命令。

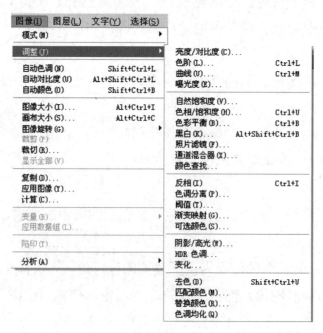

图 3-4-3 "调整"命令

（1）"图像→调整"命令分类

Photoshop 的"调整"命令主要分为以下 4 组。

① 快速调整命令："自动色调""自动对比度""自动颜色"命令能够自动调整图片的颜色和色调，可以进行一些简单的调整；"照片滤镜""色彩平衡""变化"是用于调整色彩的命令，直观且使用方法简单；"亮度/对比度"和"色调均化"命令用于调整图片的色调。

② 调整颜色和色调的命令：包括"色阶""曲线"，常用于对图像的明暗度进行调整。例如，一幅图像显得比较灰暗时，可以将其调亮；或者一幅图像过亮时，可以将其调暗。"色相/饱和度"和"自然饱和度"命令用于调整色彩；"阴影/高光"和"曝光度"命令只能调整色调。

③ 匹配、替换和混合颜色的命令："匹配颜色""替换颜色""通道混合器""可选颜色"命令可以匹配多个图像之间的颜色，替换指定的颜色或对颜色通道做出调整。

④ 应用特殊颜色调整的命令："反相""阈值""色调分离""渐变映射"命令可以将图片转换为负片效果、简化为黑白图像、分离色彩和用渐变颜色转换图片中原有的颜色。

（2）调整命令的使用方法

调整命令在使用时有以下共同点：在弹出的对话框中，按【Alt】键可以将对话框中的"取消"按钮变为"复位"按钮，单击后可以将对话框中的参数还原为默认设置，便于对图像的色彩重新进行调整。

Photoshop 的调整命令可以有两种方式来使用。第一种是直接使用"图像"菜单的调整命令来处理图像，所有的色彩调整命令只能调整当前图层或选区内的图像，对其他图层中的图像则没有任何影响。第二种是使用调整图层来应用这些调整命令。调整命令与调整图层在使用上有所区别，使用调整命令调整图像后，不能修改调整参数，而调整图层却可以随时修改参数，并只需要隐藏或删除调整图层，便可以恢复图像到原来的状态。

（3）色调调整命令的应用

色调调整是 Photoshop 中所有图像调整命令的基础，所谓色调，通俗讲就是图像的明暗，其中"色阶"和"曲线"命令更是基础中的基础。

① "色阶"命令。使用"色阶"命令来调整图像的亮度范围，通过调节图像的阴影、中间调和高光的像素分布，从而校正图像的色调范围和颜色平衡。

打开一个文件，执行"图像→调整→色阶"命令，弹出"色阶"对话框，对话框中的所有参数和控件的组成如图 3-4-4 所示。

在"输入色阶"和"输出色阶"的下方都有三角形的色阶滑块，不同的颜色代表不同颜色的区域色阶。黑色代表"阴影"；灰色代表"中间调"；白色代表"高光"。在"色阶"对话框中设置参数，既可以直接在对话框中输入数字，也可以通过拖动滑块来进行调整。使用滑块的好处在于，可以一边拖动一边观察图像的预览效果，这样更容易控制图像的调整。

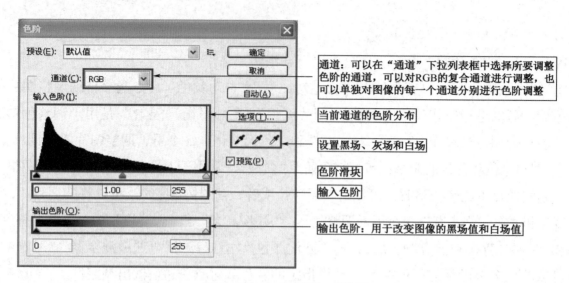

图 3-4-4　"色阶"对话框

　　通过"色阶"对话框中的"输入色阶"区域中的直方图直观地反映色调分布情况，用户可以根据直方图对图像的色调偏差进行判断并调整，从而很容易改善图像的色调。如图 3-4-5 所示，图像的像素主要集中在暗调和中间调部分，图像整体偏暗，打开"色阶"对话框，向左拖动输入色阶的白色滑块到如图 3-4-6 所示的位置，可以看到调整后的图像变亮了，如图 3-4-7 所示。

图 3-4-5　图像及直方图

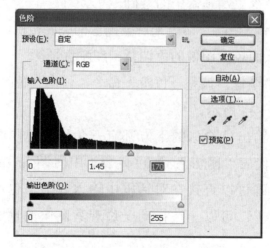

图 3-4-6　白色滑块位置

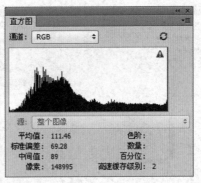

图 3-4-7　调整后的效果及直方图

② "曲线"命令。使用"曲线"命令调整图像的色调和颜色。

打开一个文件，执行"图像→调整→曲线"命令，或者按住【Ctrl+M】组合键，弹出"曲线"对话框，如图 3-4-8 所示。

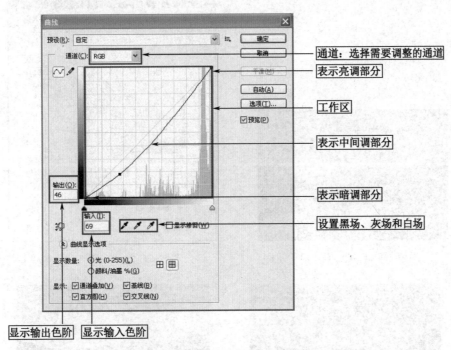

图 3-4-8　"曲线"对话框

使用曲线调整图像的色调和颜色时，最常用到的就是拖动工作区域内的曲线，或者在曲线上单击添加控制点，拖动控制点改变曲线的形状进行调整。在曲线上可以添加 14 个控制点，非常精确地调整图像的色调，是应用最广泛和使用频率最高的色彩调整命令，它具有"色阶""阈值""亮度""对比度"等多个命令的功能。如果"曲线"对话框的网格密度小，可以按住【Alt】键单击网格，增大网格密度，如图 3-4-9 所示。

例如，打开图像，如图 3-4-10 所示，在曲线的暗部向下拖动曲线，在亮部向上拖动曲线，如图 3-4-11 所示，调整"曲线"后可以看到图像的明暗对比度加强了，图像比原先的更加鲜艳，饱和度增强，如图 3-4-12 所示。

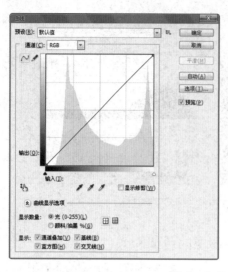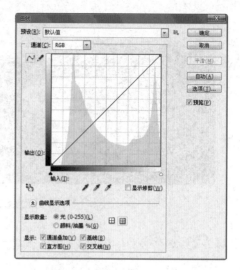

图 3-4-9　网格密度

图 3-4-10　原图

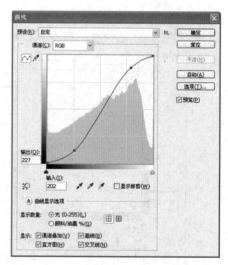

图 3-4-11　调整"曲线"

图 3-4-12　调整"曲线"前后图像对比

　　与"色阶"命令不同的是，"色阶"命令只能从整体上调整图像的明暗度和中间调像素，而"曲线"命令可以调整图像中每一个像素点的明暗。如图 3-4-13 所示，向右水平移动曲线最左侧的控制点，图像暗调部分更暗，其余部分整体变暗；如图 3-4-14 所示，向左水平移动曲线最右侧的控制点，图像亮调部分更亮，其余部分整体变亮；如图 3-4-15 所示，向上垂直移动曲线最左侧的控制点，图像整体变亮；如图 3-4-16 所示，向下垂直移动曲线最右侧的控制点，图像整体变暗。

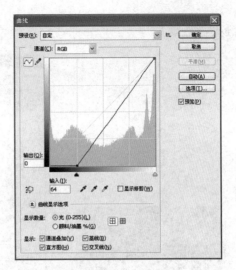

图 3-4-13　向右调整曲线效果

图 3-4-14　向左调整曲线效果

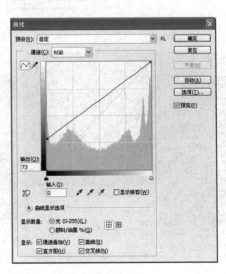

图 3-4-15　向上调整曲线效果

③ "亮度/对比度"命令：可以从整体上调整图像的亮度和对比度，特别适合调整明暗

对比不太强烈的灰色图像。

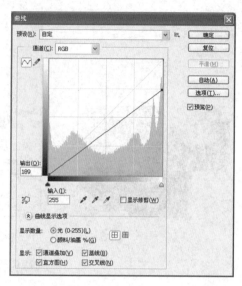

图 3-4-16　向下调整曲线效果

　　打开一个文件，执行"图像→调整→亮度/对比度"命令，弹出"亮度/对比度"对话框，如图 3-4-17 所示。向左拖动"亮度"的滑块，图像的亮度降低，向右拖动"亮度"的滑块，图像的亮度提高，如图 3-4-18 所示；向左拖动"对比度"的滑块，图像的对比度降低，向右拖动"对比度"的滑块，图像的对比度提高，如图 3-4-19 所示。

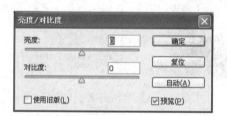

图 3-4-17　"亮度/对比度"对话框

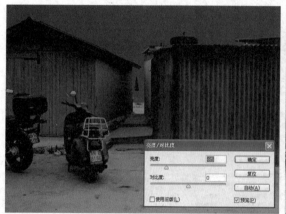
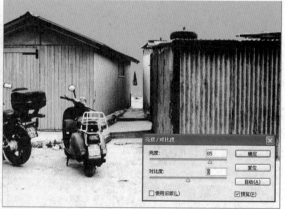

图 3-4-18　亮度调整效果对比

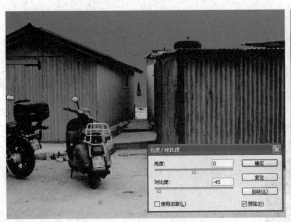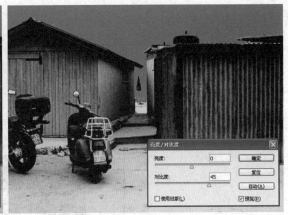

图 3-4-19　对比度调整效果对比

任务描述

本任务介绍在 Photoshop 中用图像调整命令对照片进行调整美化，如图 3-4-20 所示。

图 3-4-20　照片的调整美化

任务实现

（1）用 Photoshop 打开素材 "3-4-1.jpg"，按【Ctrl+J】组合键复制 "背景" 图层为 "图层 1"。
选择工具箱中的污点修复画笔工具 ，将人物面部的斑点去除，效果如图 3-4-21 所示。

图 3-4-21　去斑后的效果

（2）按【Ctrl+J】组合键复制 "图层 1" 图层为 "图层 1 副本"。执行 "选择→色彩范围"
命令，在弹出的 "色彩范围" 对话框中设置 "颜色容差" 为 "35"，用取样吸管在图像中选出所需要的色彩区域，如图 3-4-22 所示。

图 3-4-22　色彩范围的选择

（3）单击"确定"按钮，图像中出现选中的区域如图 3-4-23（a）所示。选择套索工具 ，将背景中的选区减去，效果如图 3-4-23（b）所示。

（a）选中的色彩区　　　　　　　　（b）减去背景中的区域

图 3-4-23　选中的色彩区及减去背景中的区域

（4）执行"选择→修改→羽化"命令，在弹出的对话框中设置"羽化半径"为"10 像素"。单击"确定"按钮，效果如图 3-4-24 所示。

图 3-4-24　羽化后的色彩区

（5）执行"图像→调整→曲线"命令，弹出"曲线"对话框。分别调整"RGB"通道、"红通道"及"蓝通道"，如图 3-4-25（a）所示，单击"确定"按钮，取消选区，效果如图 3-4-25（b）所示。

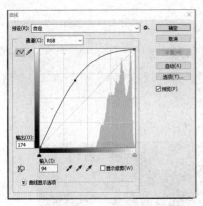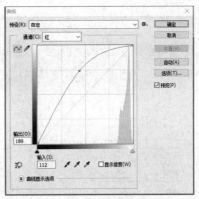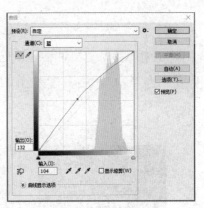

（a）曲线调整

（b）调整效果

图 3-4-25　曲线参数设置及效果

（6）执行"图像→调整→曝光度"命令，弹出"曝光度"对话框，调整"输入色阶"值如图 3-4-26（a）所示，单击"确定"按钮，将整体画面调亮些，效果如图 3-4-26（b）所示。

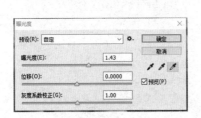

（a）曲线调整设置　　　　　　　　　　（b）调整后效果

图 3-4-26　调整曝光度画面效果

（7）执行"图像→调整→色彩平衡"命令，弹出"色彩平衡"对话框，调整"输入色阶"值，如图 3-4-27（a）所示，单击"确定"按钮，将图像调整为偏暖色调，效果如图 3-4-27（b）所示。

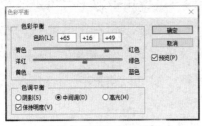

（a）"色彩平衡"对话框　　　　　　　　（b）调整色彩平衡后的效果

图 3-4-27　色相/饱和度参数的设置及效果

（8）选取嘴唇部分，如图 3-4-28（a）所示，执行"图像→调整→色相/饱和度"命令，弹出"色相/饱和度"对话框。选中"着色"选框，调整"色相"为"28"，"饱和度"为"-3"，"明度"为"24"，如图 3-4-28（b）所示，单击"确定"按钮，取消选区，效果如图 3-4-28（c）所示。

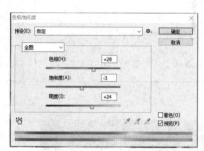

（a）选取嘴唇　　　　（b）"色相/饱和度"对话框　　　（c）调整嘴唇颜色后的效果

图 3-4-28　色相/饱和度参数的设置及效果

（9）执行"图像→调整→曲线"命令，将画像整个效果调亮，最终效果如图 3-4-29 所示。

图 3-4-29　最终效果

 任务回顾

1. 颜色调整命令

Photoshop 中提供了多个专门用于调整图像色彩和饱和度的命令。使用这些命令，可以轻松地完成图像各种颜色的调整。以下这些命令都是调色过程中比较常用的命令，可以用来改变图像的色彩。

（1）使用"色相/饱和度"命令调整色相和饱和度

"色相/饱和度"是较为常用的图像色彩调整命令，使用该命令既可以从整体上调整图像的色相、饱和度和明度值，也可以单独调整红色、黄色、绿色和青色等颜色的色相、饱和度和明度。选择对话框左下角的图像调整工具，可以修改单击点的饱和度；按住【Ctrl】键可以修改色相。如果将对话框右下角的"着色"复选框选中，则可以将彩色图像调整为单色调图像。

（2）使用"色彩平衡"命令调整色彩平衡

"色彩平衡"命令可以对图像做一般效果的颜色校正，它是通过 RGB 颜色和 CMYK 色值间的混合达到图像整体颜色的平衡。

（3）使用"去色"命令去除颜色

"去色"命令是将图像颜色的饱和度降低为最小值"0"，呈现黑白灰显示效果。与灰度模式不同的是，去色后的图像依然可以继续上色。

（4）使用"匹配颜色"命令调整图像颜色

"匹配颜色"命令将一幅图像（源图像）的颜色与另一幅图像（目标图像）中的颜色相匹配。除匹配两幅图像之间的颜色外，"匹配颜色"命令还可以匹配同一幅图像中不同图层之间的颜色。它还允许用户通过更改亮度和色彩范围及中和色彩来调整图像中的颜色。但目前匹配颜色只适用于 RGB 颜色模式。

（5）使用"照片滤镜"命令校正照片的颜色

"照片滤镜"命令可以模拟在相机镜头前加彩色滤镜的效果，以便调整通过镜头传输的光的色彩平衡和色温，对调整数码照片特别有用，特别是用于校正出现色偏的照片。用户可以从"滤镜"下拉列表中选择要使用的滤镜，或者选择"颜色"选项，单击颜色图标打开"拾色器"对话框自定义颜色。

（6）使用"替换颜色"命令替换颜色

"替换颜色"命令既可以在图像中基于特定颜色创建一个临时的蒙版，然后替换图像中的指定颜色。也可以设置有蒙版表示的区域的色相、饱和度和明度。"替换颜色"命令是将选定的颜色替换为其他颜色，它是由"颜色范围"和"色相/饱和度"命令结合而成的。

（7）使用"可选颜色"命令校正平衡和调整颜色

"可选颜色"命令基于组成图像某个主色调的 4 种基本印刷色（CMYK），可以选择性地在图像某个主色调成分中增加或减少印刷色的含量，而不影响该印刷色在其他主色调中的表现，从而对图像颜色进行校正。

（8）使用"通道混合器"命令调整颜色通道

"通道混合器"命令是通过混合当前颜色通道中的像素与其他颜色通道中的像素来改变通道的颜色，最终得到其他颜色调整命令不易调出的效果。另外，还可以使用"通道混合器"命令校正偏色图像或优化图像颜色通道。

2．通道调色

（1）结合调整命令对通道调整

在 Photoshop 中，图像的颜色信息保存在通道中，颜色通道主要涉及 3 种颜色模式，RGB 图像有 3 个颜色通道，CMYK 图像有 4 个颜色通道，Lab 图像有 3 个颜色通道。一般情况下，所使用的素材都使用 RGB 模式，它包含一个 RGB 复合通道和 3 个颜色通道，在使用调整命令调整颜色时，可以通过编辑颜色通道来改变图像的颜色，如图 3-4-30 所示是一个 RGB 文件和它的通道。使用"曲线"命令调整红、蓝、RGB 通道的颜色，如图 3-4-31（a）、图 3-4-31（b）和图 3-4-31（c）所示，观察各个通道，红、绿、蓝通道都发生了变化，蓝通道变暗了，红通道变亮了，如图 3-4-31（d）所示，这幅图像的色调变成了暖暖的金黄色。

（a）RGB 文件

（b）颜色通道

图 3-4-30　RGB 文件和颜色通道

（a）调整红通道

（b）调整蓝通道

（c）调整 RGB 通道

（d）调整后颜色通道

图 3-4-31　调整红、绿、蓝通道及颜色通道

在 RGB 模式的图像中，灰度代表了一种颜色的含量，某些通道较亮，亮色通道表示图像中该色存在，暗色通道表示图像中该色缺失。如果要在图像中增加某种颜色，可以将相应的通道调亮，要减少某种颜色，则将相应的通道调暗。因此，调整单个颜色通道就可以改变该通道所代表的颜色分布情况，进而对整个图像的颜色效果产生影响。

（2）交换图像的颜色信息

除利用调整命令控制颜色通道，使整个图像的颜色效果发生改变外，也可以用一个颜色通道的灰度图像完全代替另外一个颜色通道的方法来改变图像中一种颜色的分布情况。如图 3-4-32 所示，通过复制"绿"通道的图像并粘贴到"蓝"通道中，使图像得到如图 3-4-33 所示特殊的通道效果。

（3）Lab 通道调色

Lab 模式是色域最宽的颜色模式，它包含了 RGB 和 CMYK 模式的色域。当将图像转换为 Lab 模式后，图像的色彩和图像内容分离到不同的通道中。由于 Lab 图像的 a、b 通道分别记录了图像的颜色信息，因此可以结合"曲线"调整命令对 Lab 通道进行调整，编辑 a、b 两个通道，如图 3-4-34 所示，从而改善偏灰的图像，使图像色调明快，如图 3-4-35 所示是图像调整前后的效果对比。如果要增加图像的对比度，使色调清晰，则要编辑明度通道，如图 3-4-36 所示。

（a）原图

（b）复制"绿"通道

图 3-4-32 复制"绿"通道

（a）"绿"通道粘贴到"蓝"通道

（b）通道效果

图 3-4-33 复制粘贴通道及效果

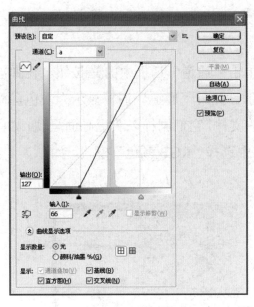

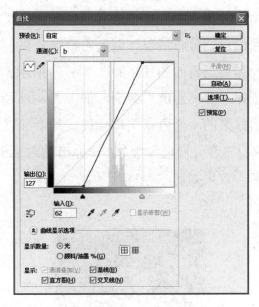

图 3-4-34 编辑 a、b 两个通道

图 3-4-35　图像调整前后效果的对比

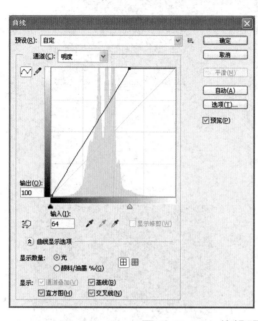

图 3-4-36　编辑明度通道及效果

（4）使用"分离通道"和"合并通道"调色

使用"分离通道"和"合并通道"命令可以将图像的颜色通道分离并重新组合，以改变整个图像的色调分布情况，创造出特殊效果。

打开需要调整的图片，如图 3-4-37 所示。单击"通道"调板中的 按钮，在弹出的下拉菜单中选择"分离通道"命令，如图 3-4-38 所示，此时"通道"调板显示为灰色，而窗口中的文件由原来的一个色彩图片分裂成几个独立的文件，它们同样以灰色画面呈现，如图 3-4-39 所示。执行"合并通道"命令，在弹出的对话框中选择"RGB 颜色"模式，如图 3-4-40 所示，合并通道，效果如图 3-4-41 所示。

图 3-4-37　原图　　　　　　图 3-4-38　选择"分离通道"命令

（a）"红色"通道灰度图　（b）"绿色"通道灰度图　（c）"蓝色"通道灰度图

图 3-4-39　灰度模式文档

图 3-4-40　合并通道　　　　　　　图 3-4-41　合并通道的效果图

 实战演练

（1）调整图像制作艺术照片，制作素材及效果如图 3-4-42 所示。

素材　　　　　　　　　　　　　　效果

图 3-4-42　图片调整及效果

提示

① 调整图层的"色相/饱和度"及"色阶"，使图像中远处的彩霞变得光亮。

② 调整图层的"曲线"，使整个画面变得光亮。

③ 执行"通道混合器"命令，在弹出的对话框中进行调整。在"红"通道中增加绿色，减少蓝色。在"绿"通道中增加红色，减少绿色。

（2）调整图像，制作出清晨的效果，如图 3-4-43 所示。

图3-4-43　图片调整及效果

 提示

① 调整"色阶"来调整图像的整体明暗度。

② 通过"可选颜色"命令，调整图层"绿色"通道、"青色"通道、"中性色"通道、"黑色"通道，给整体画面添加冷色调，使整个画面变得清亮。

③ 通过"可选颜色"命令，调整水面效果，使河水更加清澈透明。

④ 选中树叶中的黄色部分，通过调整"色相/饱和度"改变叶子的颜色。

项目小结

根据图像不同的后期处理要求，本项目主要针对图像调整类工具、图像修饰类工具、图像修复类工具及图像色彩调整命令的使用等方面进行了学习，这是对图像基本处理技巧的一个学习过程。图像的调整、修复、美化及色彩的调整体现了 Photoshop 对图像编辑处理的基本功能，为其他项目对 Photoshop 功能更深入地学习打下了基础。

项目 4

图形图像的绘制

在图像处理过程中，由于设计制作的需要，经常绘制一些图形运用于设计作品中。本项目采用 Photoshop 软件利用选区来绘制图形，Photoshop 绘制图形的一般步骤为：先利用选框、画笔、路径、形状等工具绘制图形，再通过渐变、加深减淡、滤镜等工具和命令配合使用完成最终效果。在 Photoshop 中绘制图形主要有以下 3 个方面。

> 利用选区绘制图形。
> 利用画笔工具绘制图形。
> 利用路径绘制矢量图形。

 简单图形的绘制

 学习目标

> 选框工具的应用
> 颜色工具的应用

准备知识

在 Photoshop 中经常运用各种工具进行图像的制作，其中还包括图形的绘制。通过对工具产生选区进行颜色填充，完成图形的制作是最简单的绘制方法。下面就利用 Photoshop CS6 绘图的流程进行说明。

1. 绘制图形

在 Photoshop 中绘制图形，可以通过所绘制的图形产生选区来完成图形的制作。产生选区的工具有很多，这类工具在前面的任务中已经做了完整的介绍。

2. 选择颜色

在 Photoshop 中，通过单击工具箱中的前景色与背景色按钮来进行颜色的设置，如图 4-1-1 所示。前景色可理解为当前作图用的颜色，背景色可理解为当前图像背景画布颜色。

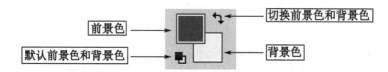

图 4-1-1 "前景色/背景色"设置按钮

按【X】键可交换前景色与背景色，按【D】键使前景色与背景色恢复系统默认颜色。

单击"前景色"或"背景色"按钮，都会弹出"拾色器"对话框，如图 4-1-2 所示。在此可以进行颜色设定。具体有以下 3 种操作方法。

● 单击"拾色器"任何一点即可获取颜色。

● 拖动颜色条上的三角形滑块，可以选择不同颜色范围中的颜色。

● 在各颜色文本框中输入数值，可取得精确颜色。

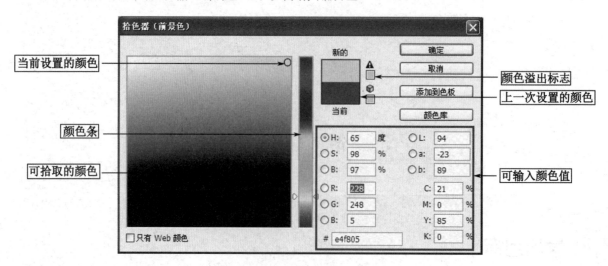

图 4-1-2 "拾色器"对话框

如果所选择的颜色超出了印刷区域的颜色，"拾色器"会出现"溢出"标志。

3. 填充

在选区里进行单一颜色填充有两种方式，一种是利用工具箱中的油漆桶工具🪣填充，另一种是利用菜单"编辑→填充"命令。两者的区别是，如果选区已经有别的颜色了，油漆桶工具不能一次性以前景色填充满；而菜单"编辑→填充"命令，无论选区是否有颜色，都能一次性地用所设定的颜色将选区填满。另外可用【Alt+Delete】组合键一次性填充。

（1）油漆桶工具🪣

油漆桶工具可以根据颜色的近似程度来填充颜色，填充效果类似菜单"编辑→填充"命令。该工具选项栏上有填充选项、填充模式、不透明度、容差、消除锯齿、连续的和所有图层等选项，如图 4-1-3 所示。

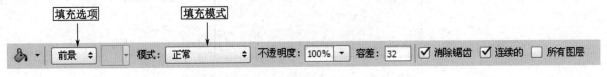

图 4-1-3 "油漆桶工具"选项栏

填充选项：设置以何种方式对画面进行填充。有两种选择：前景色和图案。只有选择了"图案"填充方式，后面的"图案"选项才可选择，如图 4-1-4 所示为两种填充效果。

图 4-1-4 两种填充效果

（2）渐变填充

渐变工具▨也是常用的色彩填充工具，渐变色的填充能使到画面上具有多种过渡颜色的混合色，图像色调更加丰富多彩。

渐变工具可以创造出多种渐变效果。在选择好渐变方式和渐变颜色后，用鼠标在画面上单击确定起点，然后拖曳鼠标到终点，松开鼠标即可完成渐变填充。

"渐变工具"选项栏上有渐变选项、渐变类型、渐变模式、不透明度、反向、仿色和透明区域，如图 4-1-5 所示。

图 4-1-5 "渐变工具"选项栏

① 渐变选项框。用于进行色彩选择和编辑渐变的色彩，它是渐变工具最重要的部分，单击色彩条便会弹出"渐变编辑器"对话框，如图 4-1-6 所示。

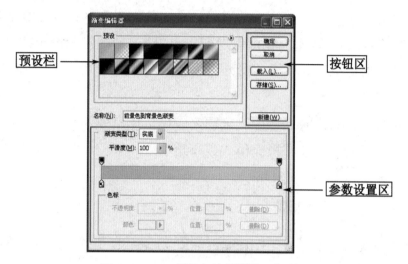

图 4-1-6 "渐变编辑器"对话框

"渐变编辑器"对话框分成预设栏、参数设置区和按钮区三个部分。

- 预设栏：在预置栏中系统默认有 15 种渐变颜色，选取其中一种可以完成该颜色的渐变。

- 参数设置区：可以进行预设渐变颜色的参数修改，包括不透明度、颜色位置、颜色的添加和删除等。

- 按钮区：可以将编辑好的渐变颜色确定进行应用或取消设置，如果需要还可载入更多预设的渐变颜色，对设置的渐变色还可以进行存储。

要建立新的渐变，可按如下步骤操作。

a. 单击"新建"按钮，输入新渐变名称（如果编辑现有的渐变，可在列表中选择想要编辑的色彩，然后只需要在"名称"框中输入新名称即可），如图 4-1-7 所示。

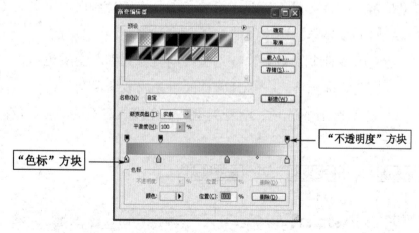

图 4-1-7 设置自定义渐变

　　b．单击渐变轴下方左侧的"色标"小方块，通过下方的"颜色"选项来确定起点颜色；单击渐变轴下方右侧的"色标"小方块，确定终点颜色；用鼠标按住小方块在渐变轴上拖曳可以移到颜色变化点的位置。

　　c．在渐变轴上方是"不透明度"的调整，可与下方的"不透明度"选项框对应使用。

　　d．调整中间点（相邻两种颜色的色彩平衡混合处）只需要用鼠标拖曳菱形点；要在渐变中填入中间色彩，只需要在渐变轴下方单击，即自动生成一个"色标"小方块，其色彩和位置的设定与起点和终点的设置相同。如果需要删除某个"色标"块，可以单击这个"色标"块，在渐变轴下方单击"删除"按钮，完成删除。

　　e．单击"确定"按钮，完成新的渐变色设置。

　　② 渐变类型。根据产生的效果不同，渐变工具将渐变类型分成 5 种，包括线性渐变、径向渐变、角度渐变、对称渐变和菱形渐变。各种类型的渐变效果如图 4-1-8 所示。

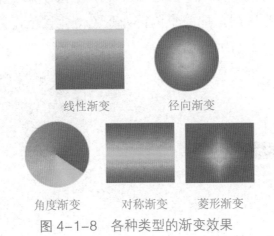

图 4-1-8　各种类型的渐变效果

　　③ 反向/仿色/透明区域。

● 反向：勾选此项，渐变颜色顺序会颠倒。

● 仿色：勾选此项，会使渐变颜色的过渡更加柔和。

● 透明区域：只有勾选此项，"渐变编辑器"对话框中的"不透明度"才会生效；若不勾选此项，效果中的透明区域显示为前景色。

任务描述

　　本任务是使用选框工具组中的椭圆选框、矩形选框工具，套索工具组中的套索、多边形套索工具及选区运算来创建选区，填充颜色绘制一张卡通风景画，效果如图 4-1-9 所示。

图 4-1-9　绘制效果

任务实现

（1）新建文件，大小为 400 像素×300 像素、分辨率为 72 像素/英寸、RGB 模式、白色背景的图像。新建"天空"图层，把前景色设为蓝色，背景色设为白色，用渐变工具执行线性渐变，如图 4-1-10 和图 4-1-11 所示。

图 4-1-10　"图层"调板　　　　　图 4-1-11　填充渐变效果

（2）新建"地面"图层，选择椭圆选框工具分别创建两个椭圆选区并填充不同的绿色，如图 4-1-12 所示。

（3）新建"树木"图层，选择椭圆选框工具，结合【Shift】键绘制远处树木选区并填充颜色，如图 4-1-13 所示。

图 4-1-12　绘制地面效果　　　　图 4-1-13　绘制树木效果

（4）新建"白云"图层，选择椭圆选框工具，结合【Shift】键绘制远处白云并填充白色，如图 4-1-14 所示。

（5）新建"屋顶"图层，选择多边形套索工具创建屋顶选区并填充颜色，如图 4-1-15 所示。

（6）选择矩形选框工具创建矩形选区，执行"图像→调整→亮度/对比度"命令把亮度调暗，如图 4-1-16 所示。

图 4-1-14　绘制白云效果　　　图 4-1-15　房顶　　　图 4-1-16　调整亮度

（7）按住【Ctrl】键单击"图层"调板下方的"创建新图层"按钮，在"屋顶"图层下方创建新图层"墙体"，选择多边形套索工具创建墙体选区，填充颜色并调整亮度/对比度，效果如图 4-1-17 所示。

（8）选择多边形套索工具，结合【Shift】键创建"门"和"窗"选区并填充颜色，效果如图 4-1-18 所示。

（9）新建"树木"图层，选择套索工具创建"树木"选区并填充颜色，效果如图 4-1-19 所示。

图 4-1-17　墙体效果　　　图 4-1-18　门窗效果　　　图 4-1-19　树木效果

（10）复制几棵树木并摆放不同位置，调整树的大小和颜色，如图 4-1-20 所示。

（11）新建"小草"图层，选择套索工具创建选区，填充、复制、摆放小草后的效果如图 4-1-21 所示。

（12）新建"栅栏"图层，选择矩形选框工具，结合【Shift】键创建选区并填充白色，如图 4-1-22 所示，保存文件，完成本任务。

图 4-1-20　复制、调整树木后效果　　　图 4-1-21　填充、复制小草后效果　　　图 4-1-22　创建栅栏后最终效果

 **任务回顾**

本任务主要是利用选取工具组中的椭圆选框工具、矩形选框工具，套索工具组中的套索工具、多边形套索工具，结合"添加到选区""从选区减去"选区运算来绘制图形，这种方法适合表现简洁明快的图形。

任何复杂的图形都是由简单的图形构成的，基础的工具、简单的图形组合也可以创作出优秀的作品。

1. 颜色选择

在 Photoshop 中，除通过单击"前景色/背景色"按钮来完成颜色设定，也可以通过"吸管工具"来吸取图像中所需要的颜色，形成前景色。另外，还可以通过在如图 4-1-23 和图 4-1-24 所示的"颜色"调板及"色板"调板来设置前景色。

图 4-1-23　"颜色"调板

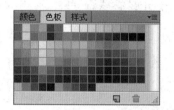

图 4-1-24　"色板"调板

2. 图案填充

当图像中需要填充大面积同种图案，而系统没有该图案时，可以用自定义图案进行填充。具体操作如下。

（1）打开图案文件，如图 4-1-25 所示。

（2）执行"编辑→定义图案"命令，弹出"图案名称"对话框，单击 ▢ 确定 ▢ 按钮，将图案保存，如图 4-1-26 所示。

图 4-1-25　图案

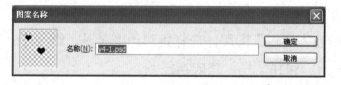

图 4-1-26　"图案名称"对话框

（3）打开需要填充的文件，新建图层，并拖放到图像的下一层，执行"编辑→填充"命令，弹出"填充"对话框，在"使用"项选择"图案"，在"自定图案"项选择刚才定义的图案，如图 4-1-27 所示。单击"确定"按钮，填充图案效果如图 4-1-28 所示。

（4）按【Ctrl】键，单击刚填充图案的层，形成选区，再设置前景色，进行填充，效果如图 4-1-29 所示。

图 4-1-27 "填充"对话框

图 4-1-28 填充效果

图 4-1-29 填充颜色效果

如果没有现成的图案，则可以自选绘制图案。绘制图案时，新建文件一定要保持为正方形，而且在绘制时应注意图案的对接是否顺畅。

3．描边

使用"描边"命令，可以为选区绘制彩色的边框，从而突出边界或突出所包围的图像。为图像描边具体操作如下。

（1）利用工具在图像外框生成选区，如图 4-1-30 所示。

（2）执行"编辑→描边"命令，弹出"描边"对话框，设置描边的"宽度"为"10 像素"；"颜色"为"白色"，如图 4-1-31 所示。

图 4-1-30 生成选区效果

图 4-1-31 "描边"对话框

（3）单击 确定 按钮，效果如图 4-1-32 所示。

可以在"描边"对话框中设置描边的不透明度等，效果如图 4-1-33 所示。

图 4-1-32　描边效果　　　　　　　图 4-1-33　设置描边的不透明度效果

 实战演练

根据所提供的效果图，使用形状工具绘制矢量图形，如图 4-1-34 所示。

图 4-1-34　效果图

 提示

① 注意颜色填充及渐变填充的操作方法。

② 注意选区工具创建各形状及选区的加、减、相交等操作。

③ 注意观察物体的形状，尽量用简单几何形状去组合成物体的形状。

任务 2　壁纸的制作

 学习目标

➢ 画笔工具的使用

➢ 颜色替换工具的使用

➢ 混合器画笔工具的使用

> 动态画笔的设置及使用
> 加深、减淡、涂抹工具的使用

 准备知识

Photoshop CS6 提供的绘图工具包括画笔工具、铅笔工具、颜色替换工具和混合器画笔工具，在工具箱中可以直接选择使用，如图 4-2-1 所示。

配合图画进行修改的涂抹工具、加深工具、减淡工具、混合器画笔工具和动态画笔的设置及使用等，可以产生各种形式的线条，在图像上表现出有层次感的色调，完成图画的绘制。

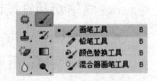

图 4-2-1　画笔工具组

1. 画笔工具

Photoshop 的画笔工具是用于涂抹颜色的工具，利用该工具可以制作出风格不同的平面设计作品。画笔工具与日常所使用的毛笔相似，它主要用于绘制线条和特定的图案。在使用画笔工具进行绘制时，必须正确设置画笔工具的选项。

（1）"画笔工具"选项栏

单击工具箱中的"画笔工具"按钮，选项栏上出现画笔工具的各种选项，包括画笔选项、绘画模式、不透明度、流量和喷枪等，如图 4-2-2 所示。

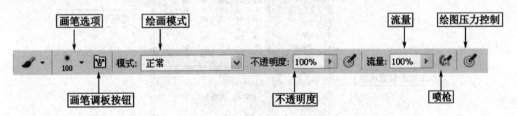

图 4-2-2　"画笔工具"选项栏

● 画笔选项：可以单击"画笔工具"选项栏上的"画笔选项"按钮，选择笔刷的大小和硬度。单击该按钮会弹出"画笔预设"调板，如图 4-2-3 所示。

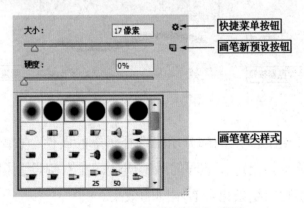

图 4-2-3　"画笔预设"调板

a. 大小：用来设置当前选择画笔的笔头大小，可以通过在下方的笔头形状中直接提取、调整下方的滑块、直接输入数字等方法来设置。

b. 硬度：用来调节笔头的软硬度。

c. 快捷菜单按钮 ✿：位于调板的右上角，单击该按钮可以弹出下拉菜单进行画笔的笔头管理。

d. 画笔新预设按钮 ▣：单击该按钮可以创建新画笔的预设。

● 绘画模式：用来设置画笔所绘制的图像与下一图层形成的混合模式效果。

● 不透明度：用于设置绘画时画笔的不透明度。数值越大绘制的效果越明显，反之则不明显。

● 流量：用于设置绘画时画笔的压力大小，数值越大所画出的颜色越浓。

● 喷枪：单击该按钮，画笔就有了喷枪的特性，使用时绘制的线条会因鼠标停留的时间长而变粗。

● 绘图压力控制：在连接绘图板时，设置画笔绘制的压力强度。

（2）"画笔"调板

单击"画笔"工具选项栏上的"画笔调板"按钮 🖼，就会弹出"画笔"调板，如图4-2-4所示。

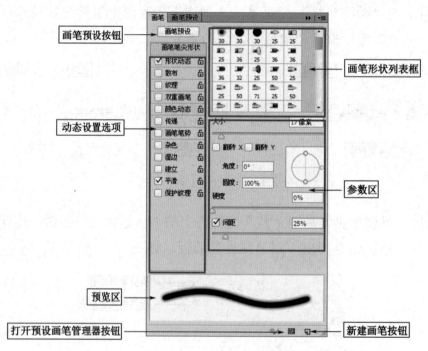

图 4-2-4　"画笔"调板

"画笔"调板由三部分组成，左侧部分用来选择画笔的属性；右侧部分为设置画笔的具体参数；下部分为画笔预览区。当选择不同的画笔属性，在右侧设置相应的参数时，可以将画笔设置为不同的形状，绘制的线条也会有不同的效果。

（3）动态画笔

在 Photoshop 中，动态画笔可通过"画笔"调板来创建和定义。"画笔"调板提供了许多将动态元素添加到预设画笔笔尖的选项，如改变画笔笔迹的大小、颜色和压力、不透明度等设置，使用户绘制出的笔触更加丰富多彩，创作出真实画笔所无法完成的特殊效果。

① 画笔笔尖形状。在"画笔"调板中选择"画笔笔尖形状"选项后，此时可以对画笔的基本属性进行设置，如图 4-2-5 所示。下面就"画笔笔尖形状"选项各参数进行说明。

- 大小：进行笔刷的大小设置。可通过文本框输入或滑块调节来改变数值大小，数值越大，笔刷越大，反之越小。
- 翻转 X：选择该项，则画笔方向将做水平翻转。
- 翻转 Y：选择该项，则画笔方向将做垂直翻转。
- 角度：可设置画笔旋转的角度，对于圆形画笔，只有在"圆度"小于100%时才有效。
- 圆度：可设置笔刷的圆度，数值越小，笔刷越扁。
- 硬度：可设置笔刷边缘的硬度，数值越大，边缘越清晰；数值越小，边缘越柔和。
- 间距：可设置绘图时笔触所组成的线段两点间的距离，数值越大距离越大。

② 形状动态。选择"形状动态"选项后，"画笔"调板如图 4-2-6 所示。其调板中的各选项含义如下。

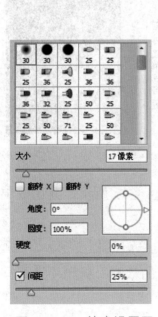

图 4-2-5　笔尖设置区

图 4-2-6　"形状动态"选项调板

- 大小抖动：设置画笔在绘制过程中的大小波动幅度，数值越大，波动的幅度越大。如未设置该项参数，则画笔绘制的每一处都是相同大小笔触，如图 4-2-7 所示。
- 控制：在下拉列表框中有"关""渐隐""钢笔压力""钢笔斜度""光笔轮"5项，其中"渐隐"用得最频繁。"渐隐"的数值越大，笔触达到消隐时经过的距离就越长，反之笔触就会消隐至无，如图 4-2-8 所示。

对于"钢笔压力""钢笔斜度""光笔轮"这 3 种方式，必须有硬件的支持才有效。

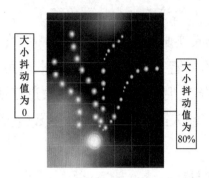

图 4-2-7　设置不同大小抖动效果

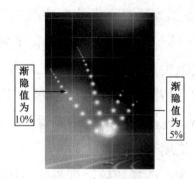

图 4-2-8　设置不同渐隐效果

- 最小直径：设置画笔在尺寸发生变化时的最小尺寸。数值越大，发生变化的范围越小，变化的波动幅度也会变小。
- 角度抖动：设置画笔在角度上的波动幅度，数值越大，波动的幅度越大，画笔绘制的效果就越乱。如果未设置，则每个笔触的旋转角度相同，如图 4-2-9 所示。
- 圆度抖动：设置画笔在圆度上的波动幅度，如图 4-2-10 所示。
- 最小圆度：设置画笔在圆度发生波动时的最小圆度尺寸。

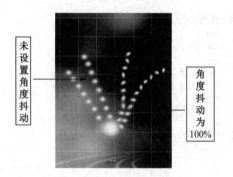

图 4-2-9　设置不同角度抖动效果

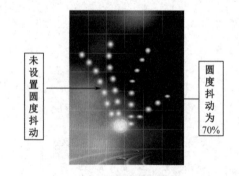

图 4-2-10　设置不同圆度抖动效果

③ 散布。选择"散布"选项后，"画笔"调板如图 4-2-11 所示。其调板中的各选项含义如下。

- 散布：设置画笔绘制时的偏离程度，数值越大，偏离的程度越大，如图 4-2-12 所示。
- 两轴：设置画笔在 X 轴及 Y 轴两个方向上发生的散布。如果不选择该项，则仅在 X 轴上发生分散。
- 数量：设置绘画时画笔的数量。

④ 纹理。选择"纹理"选项后，"画笔"调板如图 4-2-13 所示。其调板中的各选项含义如下。

- 缩放：设置纹理的缩放比例。
- 模式：可选择一种纹理与画笔进行叠加的模式。

● 深度：设置纹理使用时的深度，数值越大，纹理效果越明显，如果数值小，则纹理不明显，画笔效果清晰，如图 4-2-14 所示。

图 4-2-11　"散布"选项调板

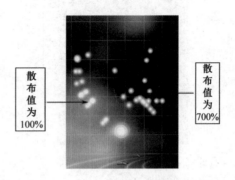

图 4-2-12　设置不同散布效果

图 4-2-13　"纹理"选项调板

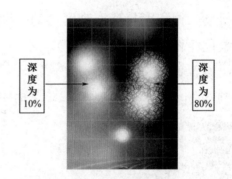

图 4-2-14　不同纹理深度效果

● 最小深度：设置纹理显示时的最浅深度，数值越大，纹理显示效果的波动幅度越小。

● 深度抖动：设置纹理显示浓淡度的波动程度，数值越大，波动的幅度越大。

⑤ 双重画笔。"双重画笔"选项与"纹理"选项的原理基本相同，只是前者是画笔与画笔之间的混合，而后者是画笔与纹理的混合。选择"双重画笔"选项后，"画笔"调板如图 4-2-15 所示，其参数含义如下。

● 大小：设置叠加的画笔大小。

● 间距：设置叠加画笔间的距离。

● 散布：设置叠加画笔绘制效果。

● 数量：设置叠加画笔的数量。

使用"双重画笔"的效果如图 4-2-16 所示。

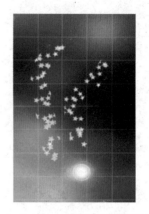

图 4-2-15　"双重画笔"选项调板　　　　图 4-2-16　使用双重画笔效果

⑥ 颜色动态。选择"颜色动态"选项后，"画笔"调板如图 4-2-17 所示。其调板中的各选项含义如下。

● 前景/背景抖动：设置画笔颜色变化效果。数值越大，越接近背景色；数值越小，越接近前景色。

● 色相抖动、饱和度抖动、亮度抖动：设置画笔颜色的随机变化效果。数值越大，越接近背景色色相（饱和度、亮度）。

● 纯度：设置画笔的纯度。

使用"颜色动态"的效果如图 4-2-18 所示。

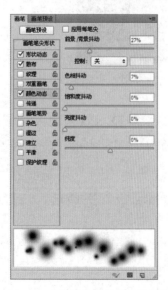

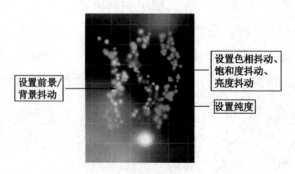

图 4-2-17　"颜色动态"选项调板　　　　图 4-2-18　使用颜色动态效果

⑦ 传递。选择"传递"选项后，"画笔"调板如图 4-2-19 所示。其调板中的各选项含义如下。

- 不透明度抖动：设置画笔的随机不透明度效果。

- 流量抖动：设置画笔绘制时的渐隐速度，数值越大，渐隐越明显。

使用"传递"的效果如图 4-2-20 所示。

⑧ 附加参数。在该区中，选择适当的选项，可以创建一些特殊效果，以下为各项的含义。

- 杂色：设置画笔边缘效果。当画笔的硬度越小时，杂色效果就越明显；反之硬度越大，杂色效果越不明显。

- 湿边：设置画笔的边缘效果。选择该项进行绘画时，会沿着画笔的边缘增加油彩量，从而创建水彩画的效果。

- 平滑：选择该项后，会在绘图过程中产生较平滑的曲线。

- 保护纹理：选择该项，对所有具有纹理的画笔预设应用相同的图案和比例。

图 4-2-19　"传递"选项调板

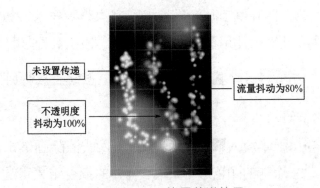

图 4-2-20　使用传递效果

2. 铅笔工具

铅笔工具 🖉 与画笔工具的用途和使用方法是相同的，只是两者绘画出来的线条质感不同。在选择相同的笔尖情况下，铅笔工具画的线条硬朗点，画笔工具画的线条则柔软点。

"铅笔工具"选项栏上有一个特殊的选项就是"自动抹掉"，如果勾选了此项，在图像中的颜色与工具箱中的前景色相同的区域落笔时，铅笔就会自动擦除前景色而以背景色绘制；如果在不同于前景色的区域绘制时，铅笔工具就以前景色绘制。

3. 颜色替换工具

颜色替换工具 🖉 的作用是用前景色替换当前颜色。该工具选项栏如图 4-2-21 所示。

图 4-2-21　"颜色替换工具"选项栏

（1）模式

模式有 3 个按钮，是表示如何确定要替换的颜色。

● 连续取样 ✎：表示任何颜色都替换。

● 一次取样 ✎：表示只替换第一次选定的颜色，也就是说第一次按下鼠标左键后，只要不放，那么在鼠标移动的情况下就只会替换与刚按下鼠标左键的那一点的颜色相同的颜色。

● 背景色板取样 ✎：表示替换与背景色相同的颜色。

（2）限制

该下拉列表框中有 3 种限制擦除模式。

● 不连续：替换图像中任何位置的颜色。

● 连续：替换包含取样色并且相互连接的图像区域。

● 查找边缘：用来替换图像对象周围的取样色，使对象更加突出。

（3）容差

表示选择颜色的相似度，容差越大，选择的范围越大。

4．混合器画笔工具

混合器画笔工具可以模拟真实的绘画技术，如混合画布上的颜色、组合画笔上的颜色及在描边过程中使用不同的绘画湿度。该工具选项栏如图 4-2-22 所示。

图 4-2-22　"混合器画笔工具"选项栏

● 画笔载入 ■：既可重新载入或清除画笔，也可在这里设置一种颜色，让原画笔和现涂抹的颜色进行混合。具体的混合结果可通过后面的设置值进行调整。单击右边的 ˙ 按钮可设置不同的载入方式，包括载入画笔、清理画笔、纯色。

● 自动载入 ✎、清理 ✗：控制每一笔涂抹结束后对画笔是否更新和清理。类似于画家在绘画时一笔过后是否将画笔在水中清洗。

● 预设列表 自定：系统预设了"潮湿"、"载入"和"混合"设置组合。

● 潮湿：控制画笔从画布拾取的油彩量。较大值的设置会产生较长的绘画条痕。

● 载入：指定画笔中载入的颜色量。载入值较低时，绘画描边干燥的速度会更快。

● 混合：控制画布颜色量同前景色颜色量的比例。比例为 100% 时，所有色彩将从画布中拾取；比例为 0% 时，所有油彩都来自前景色（不过"潮湿"设置仍然会决定油彩在画布上的混合方式）。

● 对所有图层取样：拾取所有可见图层中的画布颜色。

任务描述

本任务主要通过 Photoshop 的画笔，让绘画更具有自由性。特别是动态画笔的使用，使得绘图变得更加简单，作品风格更加独特，效果如图 4-2-23 所示。

图 4-2-23　绘画效果

任务实现

（1）新建文件，大小为 1024 像素×600 像素、分辨率为 72 像素/英寸、RGB 模式、白色背景的图像。新建"天空"图层，将前景色设置为浅蓝色（R：208，G：245，B：254），背景色设置为白色，用渐变工具执行线性渐变，如图 4-2-24 所示。

图 4-2-24　填充背景效果

（2）新建图层，设置前景色为淡绿色（R：198，G：222，B：199），选择画笔工具，设置画笔笔尖为"粉笔 17 像素"，在画面上涂抹出地面效果，如图 4-2-25 所示。

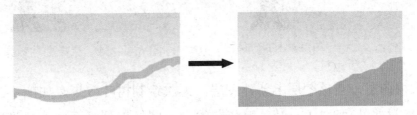

图 4-2-25　绘制地面效果

（3）将地面层的透明度调整至 60%，效果如图 4-2-26 所示。

（4）新建图层，设置前景色为深棕色（R：100，G：80，B：70），设置画笔笔尖为"粉笔 36 像素"，在画面上涂抹出大树，然后变化笔尖的大小，绘制出树枝，效果如图 4-2-27 所示。

图 4-2-26　调整地面层透明效果　　　　　　　图 4-2-27　绘制树木效果

（5）新建图层，设置前景色为黄棕色（R：165，G：130，B：100），调整笔尖大小在树干上涂抹出亮色部分；设置前景色为黑棕色，变化笔尖的大小，在树干上绘制出阴影部分，效果如图 4-2-28 所示。

（6）选择涂抹工具，在画面上对亮色及阴影部分进行涂抹，使大树效果更加自然，如图 4-2-29 所示。

图 4-2-28　绘制亮色及阴影效果　　　　　　　图 4-2-29　涂抹之后效果

（7）新建图层，设置前景色为红色（R：245，G：100，B：30），背景色为黄色（R：245，G：240，B：40）。

（8）选择画笔笔尖为"散布枫叶"，设置画笔颜色动态中的"前景/背景抖动"为 100%；传递动态中的"不透明度抖动"为 100%，在树的上方绘制出树叶的效果，如图 4-2-30 所示。
将该图层拖到大树层的下面，效果如图 4-2-31 所示。

图 4-2-30　绘制树叶效果　　　　　　　　图 4-2-31　涂抹之后效果

（9）选择大树图层，在该图层上新建图层，再次绘制树叶效果，如图 4-2-32 所示。

（10）打开素材文件"4-2-1.psd"，将骑车的女孩图像拖到画面中，并调整大小，放置到图像中合适位置，如图 4-2-33 所示。

图 4-2-32　绘制树叶效果　　　　　　图 4-2-33　添加人物效果

（11）新建图层，设置前景色为绿色（R：120，G：168，B：40），背景色为绿色（R：150，G：200，B：50）。选择画笔工具，选择笔尖为"草"图像中合适位置，设置画笔颜色动态中的"前景/背景抖动"为100%，绘制草地效果，如图 4-2-34 所示。

（12）在大树图层上方新建图层，设置前景色为绿色（R：80，G：150，B：40），背景色为绿色（R：150，G：200，B：50），在大树下方绘制草地，效果如图 4-2-35 所示。

图 4-2-34　绘制草地效果　　　　　　图 4-2-35　再次绘制草地效果

（13）新建图层，设置前景色为白色，选择铅笔工具，画笔大小设置为 2 像素，在画面上绘制气球，效果如图 4-2-36 所示。

图 4-2-36　绘制气球效果

（14）打开素材"4-2-2.psd"文件，如图 4-2-37 所示。执行"编辑→定义画笔预设"命令，将素材的云朵定义为画笔，效果如图 4-2-38 所示。

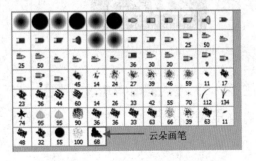

云朵画笔

图 4-2-37　云朵素材　　　　　　图 4-2-38　已定义的云朵画笔

（15）设置前景色为白色，选择画笔工具，选择刚定义的"云朵"画笔。打开画笔调板，选择"笔尖大小"选项，设置"间距"为200%；选择"形状动态"项，设置"大小抖动"为100%，"最小直径"为10%；选择"散布"项，勾选"两轴"，设置散布值为"600%"。

（16）在背景层上方新建图层，用刚设置好的画笔在画面上绘制云朵效果，如图 4-2-39 所示。

图 4-2-39　绘制云朵效果

（17）完成制作，将文件保存为"4-2 效果.psd"。

 ## 任务回顾

自定义画笔及应用

"画笔调板"除可用于选择预设画笔外，还可以自定义画笔，以创建更丰富的画笔效果。自定义画笔可以是选择已有的图案，也可以自己绘制图案。操作方法非常简单，只要利用选区或直接定义当前图层即可，具体操作如下。

（1）新建文件，大小为 600 像素×350 像素，背景内容设置为"透明"，将背景填充为黑色。

（2）选择工具箱中的横排文字工具，设置字体为"Arial"，字形为"Bold"，字号为"60"，输入"2023"字样，如图 4-2-40 所示。

（3）执行"编辑→图层样式"命令，勾选"斜面与浮雕"项，用系统默认参数即可，效果如图 4-2-41 所示。

2023	2023
图 4-2-40　输入文字效果	图 4-2-41　斜面与浮雕效果

（4）按住【Ctrl】键的同时单击文字图层，可形成选区，如图 4-2-42 所示。

（5）关闭背景显示，执行"编辑→定义画笔预设"命令，将"2023"定义成画笔，如图 4-2-43 所示。

图 4-2-42　选区效果　　　　　　　　图 4-2-43　生成画笔

（6）新建图层，选择"2023"画笔，设置"画笔笔尖形状"中的"间距"为1%；设置"形状动态"中的"大小抖动→渐隐"为200%，画笔预览如图4-2-44所示。

（7）显示背景层，在新建图层用"2023"画笔在画面上随意画线条，效果如图 4-2-45所示。

（8）将文字层拖到最上层，按住【Ctrl】键的同时单击线条图层缩览图，生成选区，在选区中填充渐变效果，再将文字填充颜色，效果如图4-2-46所示。

图 4-2-44　画笔动态效果　　　图 4-2-45　绘制线条效果　　　图 4-2-46　最终效果

但要注意的是，只有非白色的图像才能定义成画笔，并根据黑色的程度不同而体现出不同的透明度。也就是说纯白色的图像无法定义成画笔，而一个纯黑色的图像则会被完全定义成画笔。

 实战演练

根据所提供的素材，使用画笔工具绘制图形，最终效果如图4-2-47所示。

图 4-2-47　最终效果

提示

① 注意选择画笔的笔尖形态能绘制成不同的画面效果。

② 注意动态画笔的设置及各种不同动态所产生的效果。

任务 3　插图的绘制

学习目标

- ➢ 路径在绘图中的应用
- ➢ 路径的编辑
- ➢ 路径的填充
- ➢ 图案组合应用

准备知识

在使用路径工具进行绘制时，Photoshop 将创建的路径自动命名为"工作路径"，在没有保存路径的情况下，绘制的新路径会自动取代原来的旧路径，用户可以通过"路径"调板对它们进行管理，包括创建、保存、删除和复制等操作。

1. 路径调板

当用钢笔工具创建了一个路径后，"路径"调板如图 4-3-1 所示。

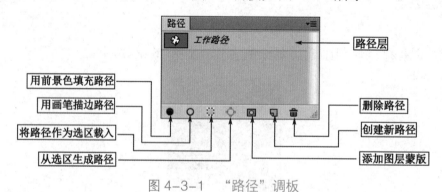

图 4-3-1　"路径"调板

2. 路径的管理

（1）保存工作路径

由于"工作路径"层是暂存绘制路径，因此用户需要保存"工作路径"。可单击"路径"调板右上方的▣按钮，执行控制菜单中的"存储路径"命令，在弹出的"存储路径"对话框中输入路径名，再单击"确定"按钮即可保存，如图 4-3-2 所示。

（2）创建新路径

在"路径"调板中，单击下方的"创建新路径"按钮，即可在"工作路径"层的上方创建一个新的路径层，在该路径层绘制新的路径不会影响别的路径层，如图4-3-3所示。

图4-3-2 "存储路径"对话框 图4-3-3 "路径"调板

（3）删除路径

在"路径"调板中，选择不需要的路径层，直接按【Delete】键，即可删除。

（4）复制路径

先选定需要复制的路径，执行"编辑→复制"命令，将路径复制到剪贴板上，然后执行"编辑→粘贴"命令，将路径粘贴。也可以将所选定的路径，在"路径"调板中将它拖曳到下方的"创建新路径"按钮处，即可复制路径。另外利用路径选择工具，选择了某个路径，再按【Alt】键，拖曳鼠标，也可复制该路径。

（5）填充路径和描边路径

由于路径本身不包含像素，不能打印出来，但可以通过对路径的填充和描边，为图像的轮廓添加像素。最好的方法是先新建一个图层，再进行填充和描边的操作。

① 填充路径。可以用指定的颜色或图案来填充路径，如果路径是开放的，在填充时，则假定起始锚点和终止锚点间有直线，然后在封闭的区域填充。其填充方法有以下两种。

● 单击"路径"调板下方的路径填充按钮即可。

● 单击"路径"调板右上方的按钮，弹出路径调板菜单，执行"填充路径"命令，弹出"填充路径"对话框，如图4-3-4所示。在对话框中设置好参数，单击确定按钮，完成填充。

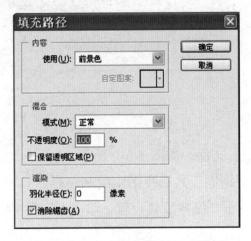

图4-3-4 "填充路径"对话框

② 路径描边。路径描边就是沿路径轨迹进行描绘。其描边的方法有以下两种。

● 单击"路径"调板下方的"用前景色填充"按钮 ● 即可。

● 单击"路径"调板右上方的 按钮，弹出路径调板菜单，执行"描边路径"命令，弹出"描边路径"对话框，如图 4-3-5 所示。在对话框中设置好参数，单击 确定 按钮，完成描边。

图 4-3-5　"描边路径"对话框

路径描边效果如图 4-3-6 和图 4-3-7 所示。

图 4-3-6　勾选"模拟压力"选项的效果　　　图 4-3-7　未勾选"模拟压力"选项的效果

 **任务描述**

本任务是绘制造型简洁的卡通风格插画，一般的步骤是先使用钢笔工具绘制出对象的轮廓，然后使用渐变、路径描边等工具配合完成绘制。素材及效果如图 4-3-8 所示。

图 4-3-8　素材及效果

 **任务实现**

（1）打开素材"4-3-1.jpg"文件，如图 4-3-9 所示。

（2）参照图 4-3-10，使用钢笔工具在视图中绘制路径。打开"路径"调板，双击"工作路径"，弹出"存储路径"对话框，保持默认设置，单击"确定"按钮将路径存储为"路径1"。

图 4-3-9　背景素材　　　　　　　图 4-3-10　绘制路径

（3）按【Ctrl+Enter】组合键将路径转换为选区，切换到"图层"调板，新建"图层 1"并命名为"陆地"，将前景色设为淡黄色，按【Alt+Delete】组合键用前景色进行填充，按【Ctrl+D】组合键取消选区，如图 4-3-11 所示。

（4）在"路径"调板中，拖动"路径 1"至调板底部"创建新路径"按钮上将其复制为"路径 1 副本"。用钢笔工具修改路径 1 副本形状，如图 4-3-12 所示。

图 4-3-11　填充后效果　　　　　图 4-3-12　路径修改后效果

（5）设置前景色为深绿色。选择画笔工具，笔尖大小为 5 像素，单击"路径"调板底部的"用画笔描边路径"按钮对路径进行描边。单击调板空白处隐藏路径，如图 4-3-13 所示。

（6）按住【Ctrl】键的同时单击"路径"缩览图将"路径 1 副本"转换为选区，按【↑】键把选区向上移动一个像素，前景色设为浅绿色，按【Alt+Delete】组合键用前景色填充，按【Ctrl+D】组合键取消选区，如图 4-3-14 所示。

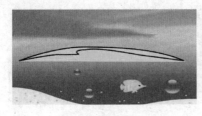

图 4-3-13　路径描边后效果　　　　图 4-3-14　填充后效果

（7）新建"河流"图层，选择矩形选框工具，绘制选区并填充蓝色，按【Ctrl+D】组合键取消选区，如图 4-3-15 所示。

（8）新建"路径 2"，参照图 4-3-16，使用钢笔工具绘制路径并填充为浅蓝色，如图 4-3-17 所示。

图 4-3-15 填充蓝色效果

图 4-3-16 绘制路径　　　　图 4-3-17 填充后效果

（9）新建"路径3"，参照图 4-3-18，使用钢笔工具绘制树丛路径。新建"树丛"图层，将路径转换为选区，使用渐变工具进行填充，如图 4-3-19 所示。

图 4-3-18 绘制路径　　　图 4-3-19 填充的效果

（10）选择"路径3"复制生成"路径3副本"，按【Ctrl+T】组合键并调整路径的位置和大小，转换为选区后执行渐变填充，如图 4-3-20 所示。

（11）按照上面的方法绘制其他树丛，填充不同颜色后调整图层顺序，最后合并树丛图层，命名为"树丛"，如图 4-3-21 所示。

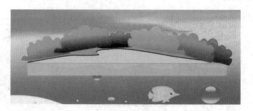

图 4-3-20 渐变填充的效果　　图 4-3-21 绘制并调整顺序的效果

（12）继续使用以上绘制图形的方法，参照图 4-3-22，绘制出房屋、海洋图形，绘制完毕后将除"背景"图层外的所有图层选中，按【Ctrl+G】组合键将图层编组，命名为"城市"。

（13）打开素材"大树"文件，用移动工具拖入"背景"文档，如图 4-3-23 所示。

图 4-3-22 绘制房屋、海洋的效果　　　　图 4-3-23 素材拖入后效果

（14）参照图 4-3-24，在树干上绘制路径，前景色设为黄金色，选择铅笔工具并设笔尖为 3 像素。新建图层"蔓藤"，执行画笔描边。然后把绕在树干后面的蔓藤用橡皮擦工具擦除，如图 4-3-25 所示。

图 4-3-24 绘制路径的效果　　　　图 4-3-25 路径描边的效果

（15）新建图层，前景色设为淡绿色，选择自定形状工具，参照图 4-3-26 绘制树叶。执行"滤镜→艺术化效果→海绵"命令，参数为默认。

（16）复制、自由变换制作其他大小各异的树叶，并将树叶图形沿着蔓藤放置，选择"叶子"图层，执行图层样式"外发光"效果，如图 4-3-27 所示。

（17）选择"河流"图层，添加图层蒙版，选择画笔工具，设置前景色为黑色，对蒙版进行编辑，如图 4-3-28 和图 4-3-29 所示。

（18）执行"色彩平衡"命令，完成最终效果，保存文件，完成本任务。

图 4-3-26 绘制并执行滤镜的效果　　　　图 4-3-27 复制、自由变换并执行滤镜后效果

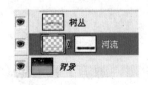 

图 4-3-28 图层控制　　　　图 4-3-29 最终效果

任务回顾

本任务主要是运用钢笔工具绘制图像。在实际绘制过程中，可根据不同的图形特点配合选框、形状等工具来绘制。

1. 唯美风格插图

绘制唯美风格插图主要用到画笔、铅笔工具，再结合橡皮擦、涂抹、历史记录、加深减淡、海绵、图章、滤镜、色相饱和度等工具和命令配合完成，如图4-3-30所示。

图4-3-30　唯美风格插图

2. 卡通风格插图

绘制卡通风格插图，主要用到钢笔、形状工具，再结合图层样式、渐变、滤镜等工具配合完成，如图4-3-31所示。

图4-3-31　卡通风格插图

3. 动漫人物

绘制动漫人物主要使用钢笔工具、路径描边命令绘制出动漫人物的轮廓，然后利用画笔工具给动漫人物填色，最后利用加深减淡工具来加工动漫人物细节，使对象更具立体感和光感。动漫人物包括写实类动漫人物和卡通类动漫人物两种，两种不同表现风格的动漫人物其特点及在绘制中运用的工具如下。

（1）写实类动漫人物

绘制写实类动漫人物主要用钢笔工具勾出对象轮廓，画笔工具上色，加深减淡工具调整明暗光影效果，再结合图层混合模式、滤镜等命令配合完成，如图4-3-32所示。

图 4-3-32　写实类动漫人物

（2）卡通类动漫人物

绘制卡通类动漫人物主要使用钢笔工具勾出对象轮廓，然后将路径转换为选区并填充颜色，如图 4-3-33 所示。

图 4-3-33　卡通类动漫人物

4．Photoshop 绘制插图的一般途径

Photoshop 绘制插图一般有以下 3 种主要途径。

（1）在纸上用铅笔画出纸质草稿，用扫描仪扫描之后在 Photoshop 里进行描绘。

（2）用手写板绘制。

（3）直接在 Photoshop 中使用画笔工具、钢笔工具进行描绘。

 实战演练

本任务将绘制一张写实类动漫人物，主要通过钢笔工具绘制路径的方法来制作，最终效果如图 4-3-34 所示。

图 4-3-34　最终效果

提示

① 使用钢笔工具绘制出对象的轮廓。

② 使用路径描边、渐变、画笔、加深减淡、色彩调整、滤镜等工具配合完成绘制。

③ 注意绘制时人物造型和光影的整体把握。

任务 4　艺术照片的制作

 学习目标

➤ 形状工具
➤ 路径运算
➤ 路径填充与描边

 准备知识

在 Photoshop 中，路径与形状有许多共性，它们的操作集中在"路径"调板和一些相关的工具上，绝大部分针对路径的操作同样适用于形状。用路径绘制的图形也可以定义为形状，在自定义形状工具中进行调用。

使用形状工具可绘制出 Photoshop CS6 预置的各种形状。其常用的属性如下。

- 形状图层按钮▣：在绘制路径的同时，建立一个形状图层，路径区域内填充前景色。
- 路径按钮▨：在绘制路径时，只形成路径，不会生成图层。
- 填充像素按钮▢：将在路径区域填充前景色。
- 工具类型按钮▨♪□○○、♀▾：共有 8 种按钮，可以切换选择不同的创建路径和矢量图像的工具。

1. 形状图层

使用形状工具时，选择了"形状图层"模式，绘制图形的同时，都会在"图层"调板中生成一个对应的形状图层，如图 4-4-1 所示。

形状图层

图 4-4-1 形状图层

由于形状图层具有矢量特性，在该图层中无法使用其他像素处理命令，只有将该图层进行栅格化处理后才能进行处理。

2．形状的使用

使用形状工具也可创建路径图形。形状工具分为两类：一类是基本几何图形的形状工具；另一类是图形形状较多的自定形状工具。对于创建的形状路径图形，可以通过相应的编辑操作来改变其形状。形状工具组如图 4-4-2 所示。

在 Photoshop 中，路径与形状有着许多共性，它们的操作集中在"路径"调板和一些相关工具上，绝大部分针对路径的操作都同样适用于形状。用路径绘制的图形也可以定义为形状，在自定义形状工具中进行调用。

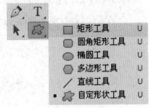

图 4-4-2 形状工具

（1）矩形工具

矩形工具能很方便地绘制矩形路径或图形。单击选项栏上的 按钮，弹出"矩形选项"对话框，如图 4-4-3 所示。

图 4-4-3 矩形工具选项栏

- 不受约束：表示可以任意尺寸进行图形的绘制。
- 方形：表示绘制的是正方形。
- 固定大小：以设置好的"W"（宽度）和"H"（高度）值进行绘制。
- 比例：以设置好的"W"（宽度）和"H"（高度）比例值进行绘制。
- 从中心：选中此复选框，将以单击的位置为矩形中心点来绘制矩形。

（2）圆角矩形工具

可以绘制圆角矩形的图形或路径。其选项栏与矩形工具非常相似，只是多了一个"半径"

选项，如图 4-4-4 所示。

图 4-4-4　"圆角矩形工具"选项栏

"半径"设置的值越大，绘制出的矩形的圆角的弧度就越大，如图 4-4-5 所示的不同半径的圆角矩形效果对比。

（3）椭圆工具

椭圆工具可以绘制椭圆或圆形的路径或图形。该工具选项栏与矩形工具的一样。

（4）多边形工具

多边形工具可以绘制等边多边形的路径和图形，包括等边三角形、五角星形或对称的星形等。在绘制的过程中，按住鼠标左键并拖曳时，可改变多边形的大小和方向。

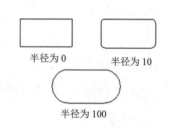

图 4-4-5　不同半径值的圆角矩形

单击该工具选项栏上的"下拉"箭头，在弹出的"多边形选项"对话框中可设置各个选项，如图 4-4-6 所示。

图 4-4-6　"多边形工具"选项栏

- 缩进边依据：设置星形缩进边所用的百分比。
- 平滑拐角：可以平滑多边形的凸角。
- 平滑缩进：可以平滑多边形的凹角。

图 4-4-7 为各种设置的多边形效果对比。

图 4-4-7　不同设置的多边形效果

（5）直线工具

直线工具可以绘制直线、箭头的路径和图形，该工具选项栏如图 4-4-8 所示，选项栏上的"粗细"选项用于设置绘制线条的宽度，范围为 1～100 像素，值越大线条越粗。

图 4-4-8　"直线工具"选项栏

单击选项栏上的"下拉"箭头，在弹出的"箭头"对话框中可对绘制箭头进行设置。

- 起点：表示箭头在起点位置。
- 终点：表示箭头在终点位置。
- 宽度：设置箭头的宽度，其值范围为 10%～1000%。
- 长度：设置箭头的长度，其值范围为 10%～5000%。
- 凹度：设置箭头的凹度，其值范围为 -50%～50%。

图 4-4-9 为各种设置的箭头效果对比。

图 4-4-9　不同设置的箭头效果

（6）自定形状工具

自定形状工具可绘制系统预设的各种形状，如心形、音符形、鱼形等。系统默认只有 32 种，可通过单击右侧的▸按钮，将所有的形状进行添加。也可以将用户绘制的图形进行存储。

该工具的具体操作是选择该工具后，在选项栏上的"形状"下拉框中选择所绘制的形状，再在图像位置进行绘制。该工具选项栏与矩形工具的基本相同，形状下拉框所列形状如图 4-4-10 所示。

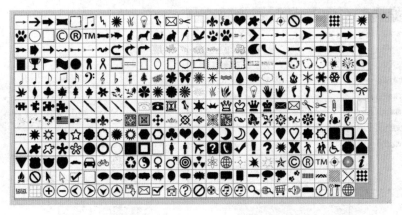

图 4-4-10　所有的形状

 **任务描述**

利用图形工具可以轻松绘制各种形状的图案，通过图案的组合，也能生成漂亮的图像。本案例主要介绍如何通过形状工具来完成相框的绘制，并通过形状工具选项栏上的"样式"及创建形状路径交叠方式的设置达到产生特殊的效果，整体效果如图 4-4-11 所示。

图 4-4-11　艺术照片效果

任务实现

1．基本相框制作

（1）启动 Photoshop CS6，新建一文件。在"新建"对话框中输入以下内容："名称"设置为"相框"，"宽度"设置为"15 厘米"，"高度"设置为"10 厘米"，"分辨率"设置为"150 像素/英寸"，"背景内容"设置为"白色"，如图 4-4-12 所示。

（2）为背景填充黄色（R：255，G：227，B：165）。

（3）选择工具箱中的自定义形状工具，并在选项栏上选择　路径　　模式，然后在下拉列表框中选择"拼图"♣图形，在画面中合适的位置拖曳鼠标，绘制了一个"拼图"路径，如图 4-4-13 所示。

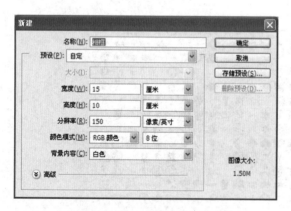

图 4-4-12　"新建"对话框

图 4-4-13　"拼图"路径

（4）选择工具箱中的路径选择工具，对路径进行调整，尽量使内部的空间变大，如图 4-4-14 所示。

（5）选择工具箱中的圆角矩形工具，并在选项栏设置半径为"30px"，然后在原路径内部拖出一圆角矩形，如图 4-4-15 所示。

（6）选择工具箱中的路径选择工具，按住【Shift】键，选择两个路径，再单击选项栏上的"重叠形状区域之外"图标，形成如图 4-4-16 所示的路径。

（7）新建"图层 1"，设置前景色为白色，单击"路径"调板下的"用前景色填充"按钮，为形状填充上颜色，如图 4-4-17 所示。

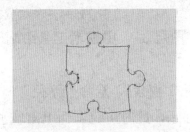

图 4-4-14　调整路径

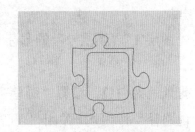

图 4-4-15　绘制圆角矩形的效果

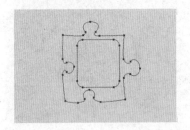

图 4-4-16　组合后的路径

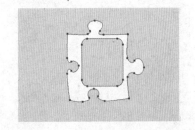

图 4-4-17　填充颜色后的效果

（8）关闭路径显示，选择"图层 1"。单击"样式"调板，追加"Web 样式"，然后选择"带阴影的透明凝胶"样式，效果如图 4-4-18 所示。

（9）选择魔棒工具，在选项栏上勾选"连续"，再单击路径内框，形成选区，效果如图 4-4-19 所示。

图 4-4-18　添加图层样式效果

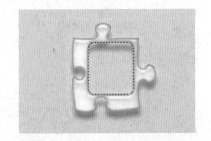

图 4-4-19　生成的选区

（10）打开素材"5_3.jpg"文件，利用矩形选框工具选择所需要的部分，然后复制。

（11）单击"相框.psd"文件，执行"编辑→选择性粘贴→贴入"命令，可见刚才复制的图像只在选区中显示，如图 4-4-20 所示。然后调整图像大小，以适应外框，效果如图 4-4-21 所示。

图 4-4-20　贴入图像的效果

图 4-4-21　调整贴入图像的效果

（12）选择"图层2"，选择应用蒙版。此时，相框效果完成。

2．装饰图像

（1）关闭"图层1""图层2"的显示，新建"图层3"，用钢笔工具绘制一段曲线，如图4-4-22所示。

（2）设置前景色为白色，设置"画笔"为"尖角2像素"，选择"路径"调板，单击下方的"用画笔描边路径"按钮，关闭"工作路径"显示，此时可见画面上出现了白色的曲线，如图4-4-23所示。

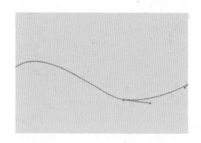

图4-4-22　绘制曲线路径　　　图4-4-23　利用画笔描边后的效果

（3）利用移动工具，按住【Alt】键，拖动曲线，此时可见生成新的曲线，重复此操作，共生成五条曲线。调整曲线，效果如图4-4-24所示。

（4）选取所有的曲线图层，按【Ctrl+E】组合键，将这些图层进行合并。

（5）执行"编辑→变换→变形"命令，调整曲线的形状，效果如图4-4-25所示。

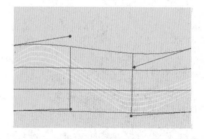

图4-4-24　生成的曲线效果　　　图4-4-25　利用"变形"命令调整曲线

（6）新建图层，选择工具箱中的自定义形状工具，并在选项栏上单击"填充像素"按钮，并在下拉列表框中选择各种"音符"图形，在画面中合适的位置拖曳鼠标，绘制图形，此时可见该路径已经填充了颜色，如图4-4-26所示。

（7）利用矩形选框工具，选择各个音符，进行"变换→旋转"的操作，使音符形态各异，效果如图4-4-27所示。

（8）利用"样式"调板，为该图形设置"带阴影的透明凝胶"样式效果，如图4-4-28所示。

（9）双击"图层3"的"效果"位置，进入"图层样式"对话框，对颜色进行调整。按图4-4-29～图4-4-31的参数进行设置。

（10）调整后的效果如图4-4-32所示，此时再显示"图层1""图层2"。

（11）按住【Shift】键，选取"图层1""图层2"。执行"编辑→变换→自由变换"命令，在选项栏上设置缩小的比例，再将图形进行旋转，调整到合适的位置，如图4-4-33所示。

图4-4-26 绘制音符图形

图4-4-27 调整角度及位置的音符

图4-4-28 设置了样式后的效果

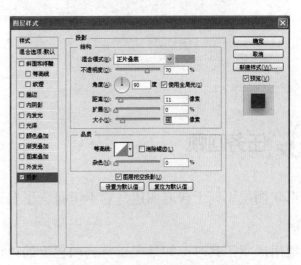

图4-4-29 设置"投影"参数

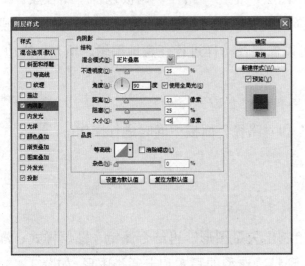

图4-4-30 设置"内阴影"参数

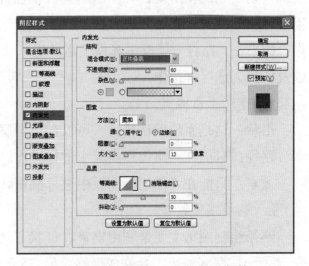

图4-4-31 设置"内发光"参数

图4-4-32 设置样式后的效果

图4-4-33 调整原相框的效果

（12）利用上面的方法，完成小图案的制作，如图 4-4-34 所示。

（13）在左上方空白处，输入一段文字，效果如图 4-4-35 所示。

利用系统自带的图层样式，可方便地设置一些图像效果。当样式的颜色或一些效果不太令人满意时，可以调用"图层样式"对话框进行参数重新调整。本任务中的颜色，主要是调整"投影""内发光""颜色叠加""光泽"等的颜色参数。

图 4-4-34　添加小图案的效果　　　　图 4-4-35　添加文字的效果

 任务回顾

形状图层不同于普通图层，它不但包含了普通图层的所有功能，而且包含了路径层的所有功能。

使用形状工具时，如果在工具选项栏上的"选择工具模式"下拉列表中选择了"形状"模式，则绘制的图形既在"图层"调板中包含了图层，也在"路径"调板包含了路径层。如果进行图形编辑操作时，在"图层"调板中选择了图层，就可以像普通图层一样进行各种操作；如果在"路径"调板中选择了路径层，则可以像路径一样进行任意地编辑、填充、描边，以及转换为选区等操作。

1. 选择工具模式

形状：这是系统默认模式。可以在"图层"和"路径"面板中同时进行操作。

路径：只能在"路径"面板中进行操作。

像素：只能在"图层"面板中进行操作。

2. 利用路径绘制矢量图形

路径绘制图形主要是利用钢笔、形状工具绘制出矢量图形，再结合滤镜、图层样式、渐变、画笔、加深减淡等工具完成最终效果，适合表现精确造型的写实和卡通类图形，如图 4-4-36 所示。

3. 利用画笔工具绘制图形

画笔工具绘制图形主要是利用画笔和铅笔工具的形状、形状动态、散布、纹理、动态颜色、自定义画笔等功能结合渐变、加深减淡、路径描边、滤镜、图层样式等完成最终效果，适合表现写意和动漫类图形，如图 4-4-37 所示。

图 4-4-36　写实和卡通图形

图 4-4-37　写意和动漫类图形

 实战演练

利用形状工具完成图案的制作，效果如图 4-4-38 所示。

图 4-4-38　图案制作效果

 提示

① 了解 Photoshop CS6 中的所有自定义形状，选取合适的形状进行绘制。

② 注意路径操作中的填充及描边。

③ 注意图层的关系及管理好图层。

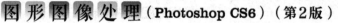

项目小结

　　绘制图形是 Photoshop 十大核心技术中最重要的技术之一，本项目主要从绘制图形最常用的"选区绘制图形""路径绘制图形""画笔绘制图形"3种方法入手，学习了选区、路径、画笔等工具的使用，为今后的创作打下坚实的基础。

项目 5

背景特效及材质制作

　　背景特效及材质制作是视觉传达设计流程中一个重要的部分。设计什么样的背景，制作什么样的质感要根据主题的需要、所服务项目的行业要求及其自身的定位来进行创作和设计。Photoshop 制作背景特效及材质有许多方法与技巧，准确、恰当地使用各种工具、命令、滤镜可以设计出出色的特效及质感。

任务 1　图案背景的制作

 学习目标

➢ 图案填充
➢ 图层混合
➢ 画笔填充
➢ 图层调整

准备知识

1. 图案填充

在 Photoshop 中既可以采用单一或多种颜色的搭配、渐变来形成视觉效果，也可以通过填充图案来使画面更加丰富多彩，有活力。

（1）系统图案的填充

在 Photoshop 中提供了不同类型的系统图案进行填充。执行"编辑→填充"命令，弹出"填充"对话框，如图 5-1-1（a）所示。选择"内容"选项区域中的"使用"为"图案"，如图 5-1-1（b）所示。

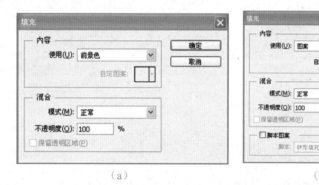

（a）　　　　　　　　　　　　　（b）

图 5-1-1 "填充"对话框

单击"自定图案"旁边的下拉箭头，弹出系统默认图案，如图 5-1-2（a）所示。选择所需要的图案，单击"确定"按钮，图像填充图案效果如图 5-1-2（b）所示。当选择使用"图案"来填充时，将会使用所选择的图案样式来填充当前图像，产生整齐划一的图案连续效果。

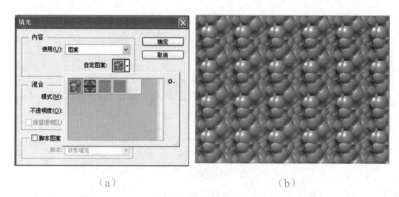

（a）　　　　　　　　　　　　　（b）

图 5-1-2 选择图案样式及图案填充效果

除系统的默认图案外，还可以导入系统提供的其他类型的图案。单击默认图案右边的下拉菜单箭头，弹出如图 5-1-3 所示的菜单，选择"自然图案"菜单项，弹出如图 5-1-4 所示的对话框，单击"追加"按钮，在"填充"对话框上增加了新的系统图案，如图 5-1-5 所示。这样就可以填充这些新的图案了。

图 5-1-3 选择"自然图案"　　　　图 5-1-4 "追加"对话框　　　　图 5-1-5 追加新的系统图案

（2）载入图案

　　系统提供的图案有限，要想得到更多的效果，还可以通过载入图案文件来得到图案。单击默认图案右边的下拉菜单箭头 ✿ ，在弹出菜单中选择"载入图案"命令项，如图 5-1-6 所示，弹出如图 5-1-7 所示的"载入"对话框，只要载入已存在的"PAT"类型的文件就可以得到更多图案了。

图 5-1-6 选择"载入图案"命令　　　　图 5-1-7 "载入"对话框

（3）复位图案

　　如果要恢复系统的默认图案显示，则在如图 5-1-8（a）所示的弹出菜单中选择"复位图案"命令，弹出如图 5-1-8（b）所示的对话框，单击"确定"按钮，就可以恢复到最初的默认系统图案类型了。

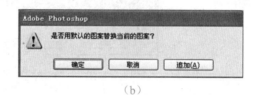

（a） （b）

图5-1-8　选择"复位图案"命令恢复默认图案

2. 图层混合

在 Photoshop 中打开"图层"面板，单击如图 5-1-9（a）所示的"图层混合"选项框的下拉箭头，弹出如图 5-1-9（b）所示的"图层混合"模式选项。选择各个选项可以得到不同的混合效果。图层混合是指两个或多个图层之间相互融合，从而得到各种特殊效果的方法，这种融合不会破坏原图像。

（a）"图层混合"选项框 （b）"图层混合"模式选项

图5-1-9　图层混合

（1）组合模式

溶解模式：依据图像中每个像素点的不同透明度显示不同程度的颗粒状，透明度相差越大，溶解效果越明显，如图 5-1-10 所示。

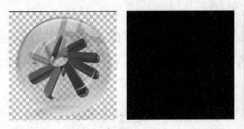

原图层　　　　　　　　　　效果图

图 5-1-10　"溶解"效果

（2）加深模式

① 变暗模式：比较上下两个图层，上方图层中较亮的像素被下方图层中较暗的像素代替，而上方图层中较暗的像素保持不变，因此整个图像变暗。

② 正片叠底模式：混合效果是将上下图层的颜色相乘并除以 255，通常都会使图像变暗。上方图层与下方图层的白色混合时保持不变，与黑色混合时则被代替。

③ 颜色加深模式：通过增加对比度来加深图像颜色，可以用于创建很暗的阴影效果，或者降低图像局部亮度。下方图层的白色保持不变。

④ 线性加深模式：通过减小亮度使像素变暗，此模式对白色无效。

⑤ 深色模式：比较两个图层的所有通道值的总和，显示值较小的颜色。

各效果如图 5-1-11 所示。

（a）原图层　　　　　　　　　（b）变暗模式

（c）正片叠底模式　　　　（d）颜色加深模式　　　　（e）线性加深模式

（f）深色模式

图 5-1-11　"加深模式"效果

（3）减淡模式

① 变亮模式：与"变暗"模式效果相反。

② 滤色模式：与"正片叠底"模式效果相反，混合效果是将上方图层的颜色与下方图层的互补色相乘并除以 255，显示上下图层的像素值中较亮的像素，类似给图像漂白，通常用于显示下方图层的高光部分。

③ 颜色减淡模式：与"颜色加深"模式相反，通过减小对比度来加亮下方图层的图像，从而使整体效果加亮，通常用来创建光源中心点极亮的效果。

④ 线性减淡（添加）模式：与"线性加深"模式相反，通过增加亮度使颜色减淡，此模式对黑色无效。

⑤ 浅色模式：比较两个图层的所有通道值的总和，显示值较大的颜色。

各效果如图 5-1-12 所示。

（a）变亮模式　　　　　　（b）滤色模式　　　　　　（c）颜色减淡模式

（d）线性减淡模式　　　　　　　　（e）浅色模式

图 5-1-12　"减淡模式"效果

（4）对比模式

① 叠加模式：最终效果取决于下方图层，可增强图像的颜色，并保持下层图像的高光和阴影。

② 柔光模式：由上方图层图像像素的明暗程度决定效果是变亮或变暗。如果上方图层的像素比 50%灰色暗，则效果变暗；如果像素比 50%灰色亮，则效果变亮。

③ 强光模式：与"柔光"类似，但加亮与变暗程度比"柔光"模式大许多。

④ 亮光模式：如果上方图层中的像素比 50%灰色亮，则降低对比度来加亮图像；如果上方图层中的像素比 50%灰色暗，则提高对比度使图像变暗。

⑤ 线性光模式：如果上方图层中的像素比 50%灰色亮，则提高亮度来加亮图像；如果上方图层中的像素比 50%灰色暗，则降低亮度使图像变暗。

⑥ 点光模式：如果上方图层中的像素比 50%灰色亮，则替换暗的像素；如果上方图层中的像素比 50%灰色暗，则替换亮的像素。

⑦ 实色混合模式：如果上方图层中的像素比 50%灰色亮，则下层图像变亮；如果上方图层中的像素比 50%灰色暗，则下层图像变暗。与黑色混合产生黑色，与白色混合保持不变，从而产生色调分离的效果。

各效果如图 5-1-13 所示。

  （a）叠加模式   （b）柔光模式   （c）强光模式

  （d）亮光模式   （e）线性光模式   （f）点光模式

（g）实色混合模式

图 5-1-13 "对比模式"效果

（5）比较模式

① 差值模式：对比上下两个图层的像素值，较大的减去较小的，两者之差决定最终显示的图像像素值。上方图层的白色区域会使下方图层产生反相效果，黑色则没有影响。

② 排除模式：与"差值"模式类似，但效果的对比度更低。

③ 减去模式：查看每个通道中的颜色信息，并从基色中减去混合色。

④ 划分模式：查看每个通道中的颜色信息，并从基色中划分混合色。

各效果如图 5-1-14 所示。

（a）差值模式

（b）排除模式

（c）减去模式

（d）划分模式

图 5-1-14 "比较模式"效果

（6）色彩模式

① 色相模式：将上方图层的色相应用到下方图层的亮度与饱和度中，可以改变下方图层的色相，但不影响其亮度与饱和度。对于黑色、白色及灰色，该模式无效。

② 饱和度模式：将上方图层的饱和度应用到下方图层的亮度与色相中，可以改变下方图层的饱和度，但不影响其亮度与色相。

③ 颜色模式：将上方图层的色相与饱和度应用到下方图层中，但保持下方图层的亮度不变。通常用于给黑白图像上色。

④ 明度模式：将上方图层的亮度应用到下方图层的颜色中，可以改变下方图层的亮度，但不影响其色相与饱和度。

各效果如图 5-1-15 所示。

（a）色相模式

（b）饱和度模式

（c）颜色模式

（d）明度模式

图 5-1-15 "色彩模式"效果

（7）背后模式与清除模式

① 背后模式：该模式和"清除模式"是绘画工具、"填充"和"描边"命令特有的混合模式。仅在图层的透明部分编辑或绘画，不会影响图层中原有的图像，就像在当前图层下方的图层绘画一样。

② 清除模式：与橡皮擦工具的作用类似。在该模式下，不透明度决定了像素是否被完全清除，当不透明度为 100% 时，完全清除像素；当不透明度小于 100% 时，部分清除像素。

各效果如图 5-1-16 所示。

（a）背后模式　　　　　　　（b）清除模式

图 5-1-16　"背后模式与清除模式"效果

 任务描述

本任务使用简单的工具进行绘制组合，并配合图案、画笔、图层混合的使用，采用淡雅的图像色彩搭配，制作别致的图案版面，表现出简洁直观的视觉效果，如图 5-1-17 所示。

图 5-1-17　图案背景效果

 任务实现

1. 制作图像背景

（1）新建文件，大小为 1024 像素×768 像素，分辨率为 72 像素/英寸，执行"文件→存储为"命令保存文件为"5-1-效果.psd"。

（2）打开提供的素材文件"5-1-1.jpg"，执行"编辑→定义图案"命令，弹出如图 5-1-18 所示的对话框，单击"确定"按钮定义素材图案为"图案样式"。

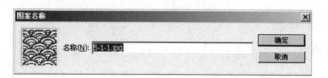

图 5-1-18　"图案名称"对话框

（3）选择文件"5-1-效果.psd"，新建图层"图层 1"。执行"编辑→填充"命令，弹出如图 5-1-19 所示的对话框。打开"自定图案"中的下拉列表，选择之前定义的"5-1-1.jpg 图案"，如图 5-1-20 所示。单击"确定"按钮，填充效果如图 5-1-21 所示。

图 5-1-19　"填充"对话框　　图 5-1-20　选择自定义的图案　　图 5-1-21　图案填充效果

（4）按【Ctrl+U】组合键打开"色相/饱和度"对话框，选中"着色"选项，设置如图 5-1-22 所示的各项参数，单击"确定"按钮，效果如图 5-1-23 所示。

（5）选择工具箱中的套索工具　，在图像中创建如图 5-1-24（a）所示的选区，执行"选择→反向"命令，创建如图 5-1-24（b）所示的反向选区。

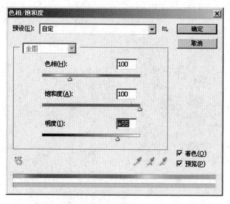

图 5-1-22　设置"色相/饱和度"参数　　　　图 5-1-23　调整效果

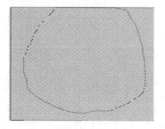
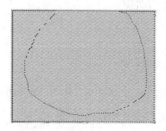

（a）创建选区　　　　　　　　　　（b）创建反向选区

图 5-1-24　创建选区及反向选区

（6）建立新图层"图层 2"，设置拾色器中的前景色为"R：216，G：254，B：142"，按
【Alt+Delete】组合键填充选区为前景色，按【Ctrl+D】组合键取消选区，效果如图 5-1-25（a）
所示。执行"滤镜→模糊→高斯模糊"命令，在弹出的对话框中设置半径为 80 像素，单击"确
定"按钮，效果如图 5-1-25（b）所示。

（a）选区填充颜色　　　　　　　　　　　　　（b）"高斯模糊"效果

图 5-1-25　选区填充颜色与高斯模糊效果

2．画笔制作图案

（1）建立新图层"图层 3"，选择工具箱中的画笔工具 ，设置画笔。选择"笔尖形状"
选项，将"大小"设置为"160 像素"，"间距"设置为"180%"。选择"形状动态"选项，
将"大小抖动"设置为"100%"。设置"散布"选项，将"散布"设置为"100%"，"数量"
设置为"2"。选择"传递"选项，将"不透明度抖动"和"流量抖动"都设置为"100%"。
各参数如图 5-1-26 所示。

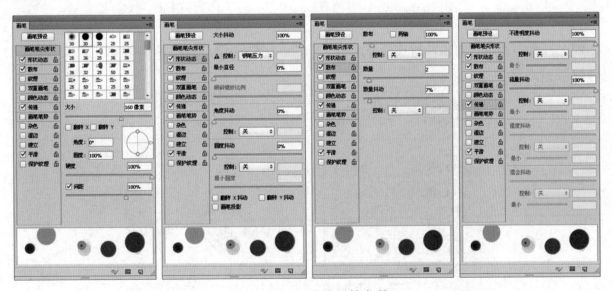

图 5-1-26　设置画笔参数

（2）按【D】键恢复拾色器的默认前景色、背景色分别为黑色、白色，使用画笔在画布
中画出自然图形，如图 5-1-27（a）所示。在"画笔工具"选项栏上将"不透明度"调整至 10%，
再次在画布中画出自然图形，如图 5-1-27（b）所示。

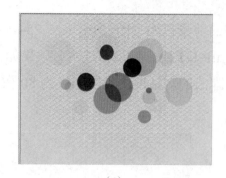
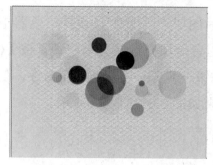

（a）   （b）

图 5-1-27   使用画笔在画布中画出的自然图形

（3）按【X】键交换拾色器的前景色、背景色为白色、黑色，将"不透明度"调整至 100%，使用画笔在画布中再画出自然图形，如图 5-1-28 所示。

（4）隐藏"背景"，"图层 1"及"图层 2"，按【Ctrl+A】组合键全选图像，并按【Shift+Ctrl+C】组合键复制全部图像，如图 5-1-29 所示。

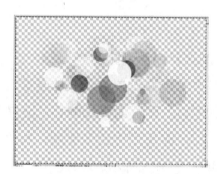

图 5-1-28   画出最后图形   图 5-1-29   复制图像

（5）打开"通道"面板，新建"Alpha1"通道，粘贴图像，如图 5-1-30 所示，按【Ctrl+D】组合键取消选区。

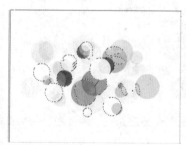

图 5-1-30   粘贴图像到通道

（6）执行"滤镜→风格化→查找边缘"命令，得到各个图形的边缘图像，如图 5-1-31 所示。

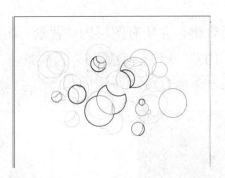

图 5-1-31　"边缘线"效果

（7）按【Ctrl】键，单击"Alpha1"通道，得到该通道选区。回到图层编辑状态，新建"图层 4"，设置前景色为"R：131，G：131，B：131"，按【Alt+Del】组合键填充选区为前景色。按【Ctrl+D】组合键取消选区，效果如图 5-1-32 所示。

图 5-1-32　填充边缘线选区

（8）双击"图层 4"弹出"图层样式"对话框，为图层添加"外发光"效果，参数设置及效果如图 5-1-33 所示。

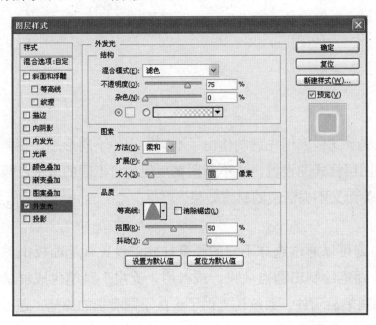

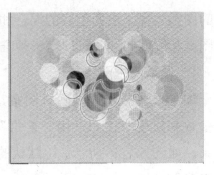

图 5-1-33　设置"外发光"参数及效果

（9）按【Shift+Ctrl+E】组合键合并所有图层为"背景"图层，新建"图层5"，设置前景色为"R：255，G：107，B：107"，填充"图层5"为前景色，效果如图 5-1-34（a）所示，设置该图层的图层混合模式为"叠加"，效果如图 5-1-34（b）所示。

（a）填充前景色 （b）设置"叠加"图层混合模式

图 5-1-34 新建"图层5"

（10）新建"图层6"图层，设置前景色为"R：244，G：15，B：112"，填充"图层6"为前景色，效果如图 5-1-35（a）所示，设置该图层的图层混合模式为"叠加"，效果如图 5-1-35（b）所示。

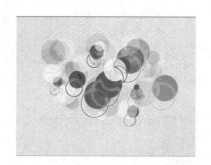

（a）填充前景色 （b）设置"叠加"图层混合模式

图 5-1-35 新建"图层6"

 任务回顾

本任务通过填充图案、画笔绘制及滤镜应用先后制作出了不同层次、不同形态、不同特色的图案效果。借助色彩的混合和图层样式的设置，让不同图案呈现各自不同的风格，隐现的图案和鲜明的线条表现出一种唯美而又不失活泼的感官效果。

1．画笔产生图案

如果要生成不规则随机图案，则可以通过选择不同的画笔样式，设置画笔面板上的各项参数来实现。例如，用"柔角"画笔绘制出圆点效果，或者用"流星"画笔生成群星的效果，如图 5-1-36 所示。除默认的画笔显示外，系统还提供了一些不同类别的画笔，通过追加来载入，如图 5-1-37 所示。

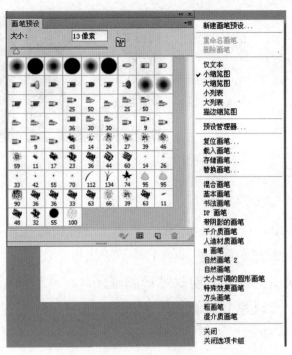

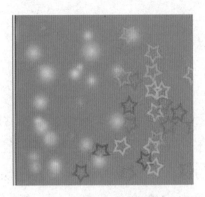

图 5-1-36　圆点及群星效果图　　　　图 5-1-37　默认画笔及可追加的画笔

2．绘制路径或滤镜效果生成图案

用钢笔工具绘制各种造型，或者在基本图案的基础上应用滤镜效果生成各种图案。将这些图案定义为"画笔"或"填充图案"。如图 5-1-38、图 5-1-39 所示分别是路径定义"画笔"、滤镜效果制作"填充图案"。

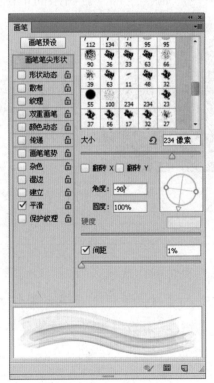

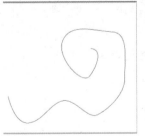

图 5-1-38　路径定义画笔生成彩带效果

图 5-1-39 圆形应用"旋转扭曲""高斯模糊"滤镜生成图案

3．通道生成选区

通道是 Photoshop 强大功能之一，相对其他功能来说，概念比较抽象，但它在选择图像及图像处理方面有着其他工具无法比拟的优势。

通道的主要功能就是形成选区，对通道的基本操作和对图层的基本操作是类似的。在通道中可以建立简单的选区，还可以对选区进行更进一步的编辑，如配合蒙版、路径工具、"图像→调整"命令、滤镜等，主要是为了得到更复杂的选区，以求方便地处理图像、完成效果。与图层相比较，在通道生成选区，无论精细程度、自由度，还是后期再编辑都更方便灵活。

 实战演练

使用所提供的素材，制作一张带有图案的地毯，效果如图 5-1-40 所示。

图 5-1-40 图案地毯效果

提示

① 使用"纤维"滤镜制作底纹。

② 填充图案，载入素材，运用图层混合制作颜色效果。

③ 使用"风"滤镜、"高斯模糊"滤镜制作毛毯效果。

质感背景的制作

学习目标

- 图层样式
- 通道选区
- 制作质感效果

准备知识

图层样式也称为图层效果，是 Photoshop 中最实用的功能之一。图层样式在不破坏图层像素的基础上，用于创建图像特效，如具有真实质感的水晶、玻璃、金属等效果。操作时可以设置各种效果的参数，可以选择一种或几种效果同时应用。

1. 图层样式的设置

（1）投影

使用"投影"图层样式可以为图层添加阴影效果，使其具有立体感。"投影"图层样式对话框中各参数含义如下。

① 混合模式：设置阴影与下方图层的混合模式，默认为"正片叠底"。单击其右侧颜色块，在弹出的"拾色器"对话框中可以设置阴影的颜色。

② 不透明度：拖动滑块或输入数值调整投影的不透明度，数值越大，投影越浓，反之越淡。

③ 角度：定义投影的投射方向。既可以输入数值也可以拨动圆盘内的指针，指针指向的方向为光源的方向，相反方向为投影的方向，如图 5-2-1 所示。

图 5-2-1 投影角度

④ 全局光：在选中该选项时，改变任意图层样式中的"角度"值，将改变所有图层样式的光照角度，取消勾选时可以为不同的图层样式分别设置光照角度。

⑤ 距离：拖动滑块或输入数值设置投影偏移的距离，数值越大，投影越远。"8 像素"距离与"27 像素"距离的比较如图 5-2-2 所示。

图 5-2-2　"8 像素"距离与"27 像素"距离的比较

⑥ 扩展：拖动滑块或输入数值设置投影的扩展范围，数值越大，颜色的淤积感越强。

⑦ 大小：拖动滑块或输入数值设置投影的模糊程度，数值越大越模糊，反之越清晰。"5 像素"大小与"30 像素"大小的比较如图 5-2-3 所示。

图 5-2-3　"5 像素"大小与"30 像素"大小的比较

⑧ 等高线：定义图层样式效果的形状。单击下拉列表按钮▼，在弹出的"等高线"列表中，可以选择所需要的等高线类型，单击等高线类型◥，可以编辑当前等高线类型。

⑨ 消除锯齿：混合等高线边缘的像素，使投影更平滑。

⑩ 杂色：可以为投影增加杂色，当数值较大时，投影会变为点状。

（2）内阴影

使用"内阴影"图层样式，可以在图层边缘内添加阴影，使图层产生凹陷效果。"内阴影"与"投影"的设置方式基本相同。

阻塞：设置图层与内阴影之间内缩的大小。"10 像素"阻塞与"60 像素"阻塞的比较如图 5-2-4 所示。

（3）外发光

使用"外发光"图层样式，可以在图层边缘向外创建发光效果。

① 混合模式：设置发光效果与下方图层的混合模式，默认为"滤色"。关于混合模式的使用，在后面的任务中会进行介绍，这里不详细说明。

图 5-2-4　"10 像素"阻塞与"60 像素"阻塞的比较

② 不透明度：设置发光效果的不透明度，数值越大，发光效果越强。

③ 杂色：在发光效果中添加随机的杂色，使光晕产生颗粒感。

④ 发光颜色：可以通过选项中的颜色块或渐变颜色条设置发光颜色。颜色块创建单色发光，渐变颜色条用来设置渐变色发光，如图 5-2-5 所示。

图 5-2-5　"颜色块"发光与"渐变"发光的比较

⑤ 方法：设置发光的方法，控制发光的准确程度。选择"柔和"则得到模糊的发光边缘，选择"精确"则得到精确的发光边缘。

⑥ 扩展/大小："扩展"用来设置发光范围的大小；"大小"用来设置光晕范围的大小。

⑦ 范围：设置等高线的使用范围。

⑧ 抖动：设置渐变的不透明度与色彩产生部分随机变化的效果。"0%"抖动与"40%"抖动的比较如图 5-2-6 所示。

图 5-2-6　"0%"抖动与"40%"抖动的比较

（4）内发光

使用"内发光"图层样式，可以在图层边缘向内创建发光效果。大部分选项与"外发光"

效果相同。

① 源：控制发光光源的位置，选择"居中"选项则从图层的中心发光，此时如果增加"大小"值，发光效果就会向图层的中央收缩；选择"边缘"选项则从图层的内部边缘发光，此时如果增加"大小"值，发光效果就会向图层的中央扩展，如图 5-2-7 与图 5-2-8 所示。

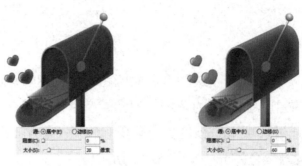

图 5-2-7　"20 像素"居中与"60 像素"居中的比较

图 5-2-8　"20 像素"边缘与"60 像素"边缘的比较

② 阻塞：设置边缘向内扩展的效果。

（5）斜面和浮雕

使用"斜面和浮雕"图层样式，可以添加高光与阴影的各种组合，使图层产生立体感。

① 样式：设置斜面和浮雕的样式。选择"外斜面"会在图层的外边缘创建斜面；选择"内斜面"会在图层的内边缘创建斜面；选择"浮雕效果"会使图层相对下层图层产生浮雕效果；选择"枕状浮雕"会使图层边缘产生压入下层图层的效果；选择"描边浮雕"会在图层的描边效果边缘产生浮雕效果，如图 5-2-9 所示。

（a）外斜面　　　　　　　　　（b）内斜面

图 5-2-9　"斜面和浮雕"样式效果

（c）浮雕效果　　　　　　　（d）枕状浮雕　　　　　　　（e）描边浮雕

图 5-2-9　"斜面和浮雕"样式效果（续）

② 方法：分别有"平滑""雕刻清晰""雕刻柔和"三种创建浮雕的方式。

③ 深度：设置浮雕斜面的深度，数值越大，浮雕的立体感越强。

④ 方向：定位光源角度后，设置高光和阴影的位置。正、负角度不同方向的斜面和浮雕效果如图 5-2-10 与图 5-2-11 所示。

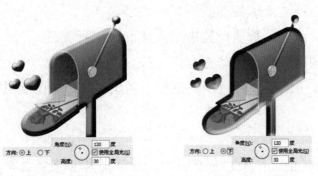

图 5-2-10　正角度不同方向的斜面和浮雕效果

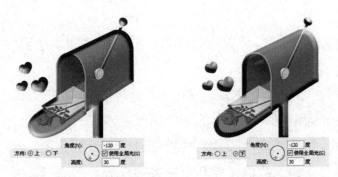

图 5-2-11　负角度不同方向的斜面和浮雕效果

⑤ 大小：设置斜面和浮雕中阴影面积的大小。

⑥ 软化：设置斜面和浮雕的柔和程度，数值越大，效果越柔和。

⑦ 角度/高度：通过输入数值或拨动圆盘内的指针进行设置。"角度"设置光源的照射角度，"高度"设置光源的高度。

⑧ 光泽等高线：设置等高线样式，为斜面和浮雕效果添加光泽，创建具有光泽的金属外观浮雕效果，如图 5-2-12 所示。

⑨ 高光模式/阴影模式：为斜面和浮雕效果设置高光或阴影的混合模式、颜色及不透明度。

图 5-2-12　不同光泽等高线的斜面和浮雕效果

⑩ 设置等高线：选中"等高线"选项时，切换到"等高线"面板，可以勾画浮雕处理中被遮挡的起伏、凹陷及凸起。

⑪ 设置纹理：选中"纹理"选项时，切换到"纹理"面板。

- 图案：单击下拉列表按钮，在打开的下拉列表中选择一个图案，将其应用到斜面和浮雕上。

- 缩放：拖动滑块或输入数值调整图案的大小。

- 深度：拖动滑块或输入数值设置图案纹理的应用程度。

- 反相：可反转图案纹理的凹凸方向。

- 与图层链接：选中该选项时将图案链接到图层，此时对图层进行变换操作时，图案也一同变换。

（6）光泽

使用"光泽"效果调整出光滑的内部阴影，通常用来创建金属表面的光泽外观。选择不同的"等高线"样式调整出不同样式的光泽。

（7）颜色叠加

在原图层上叠加指定的颜色，调整设置颜色的混合模式和不透明度，产生不同叠加效果。

（8）渐变叠加

使用"渐变叠加"在原图层上叠加渐变色，产生不同的叠加效果。

① 样式：包含与普通渐变样式同样的 5 个渐变选项。

② 角度：通过输入数值或拨动圆盘内的指针设置渐变的角度。

③ 缩放：拖动滑块或输入数值设置渐变效果的缩放比例。"100%"渐变叠加与"36%"渐变叠加的比较如图 5-2-13 所示。

 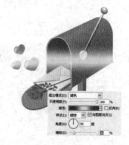

图 5-2-13　"100%"渐变叠加与"36%"渐变叠加的比较

（9）图案叠加

使用"图案叠加"在原图层上叠加指定的图案，调整设置图案的混合模式、不透明度及缩放比例，产生不同的叠加效果。

（10）描边

使用"描边"样式用颜色、渐变或图案为图层中的不透明像素描画轮廓。

2．显示与隐藏图层样式

（1）单击任意一个图层样式名称左侧的眼睛图标 👁，可隐藏这个图层样式的效果，再次单击该位置可重新显示该样式效果。

（2）单击该图层所有图层样式上方"效果"左侧的眼睛图标 👁，可隐藏所有图层样式的效果，再次单击该位置可重新显示所有样式效果。

（3）执行"图层→图层样式→隐藏所有效果"命令，或者在任意一个图层样式名称上右击，在弹出的菜单中选择"隐藏所有效果"命令，将隐藏文件中所有图层样式的效果；执行"图层→图层样式→显示所有效果"，或者在任意一个图层样式名称上右击，在弹出的菜单中选择"显示所有效果"命令，隐藏的所有图层样式效果可重新显示。

3．复制、粘贴与清除图层样式

（1）选择一个图层，执行"图层→图层样式→复制图层样式"命令，或者在该图层上右击，在弹出的菜单中选择"复制图层样式"命令；选择其他一个或多个图层，执行"图层→图层样式→粘贴图层样式"命令，或者在其他图层上右击，在弹出的菜单中选择"粘贴图层样式"命令，可将复制的图层样式应用到这些图层上。

（2）将任意一个图层样式名称拖到 🗑 按钮上，可清除该样式效果；将图层样式的"效果"拖到 🗑 按钮上，可清除所有样式效果；执行"图层→图层样式→清除图层样式"命令，或者在该图层上右击，在弹出的菜单中选择"清除图层样式"命令，也可清除所有样式效果。

4．缩放图层样式

选择一个图层，执行"图层→图层样式→缩放效果"命令，或者在任意一个图层样式名称上右击，在弹出的菜单中选择"缩放效果"命令，如图 5-2-14 所示，弹出"缩放图层效果"对话框，在"缩放"数值中输入数值或拖动滑块，可设置图层样式缩放的比例，如图 5-2-15 所示。

5．调用系统样式及保存图层样式

（1）执行"窗口→样式"命令，弹出如图 5-2-16 所示的"样式"面板，选择其中任意一个图层样式按钮，可以将效果应用到图层上。单击"样式"面板右上角的下拉列表按钮，弹出"追加样式"菜单，如图 5-2-17

图 5-2-14 "缩放效果"菜单

所示，可以选择追加不同的系统样式。

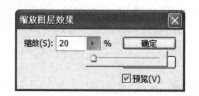

图 5-2-15　"缩放图层效果"对话框

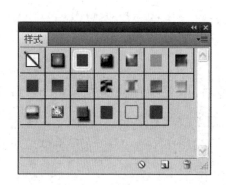

图 5-2-16　"样式"面板　　　　图 5-2-17　"追加样式"菜单

（2）在打开的"图层样式"对话框中，设置好所需要的效果后，单击"新建样式"按钮
新建样式(W)... ，在弹出的"新建样式"对话框中输入名称，如图 5-2-18 所示。如果选中"包含
图层效果"复选框，则表示将效果加入到样式中；如果选中"包含图层混合选项"复选框，
则表示将图层混合选项加入到样式中。单击"确定"按钮，当前图层样式被保存下来，在"样
式"面板中会出现一个新的图层样式的按钮，如图 5-2-19 所示。

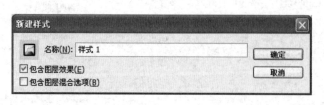

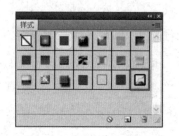

图 5-2-18　"新建样式"对话框　　　　图 5-2-19　自定义"样式"按钮

6. 样式效果创建图层

选中应用了图层样式的图层，执行"图层→图层样式→创建图层"命令，或者在任意一个图

层样式名称上右击，在弹出的菜单中选择"创建图层"命令，所有的图层样式与原图层分离，并被转换成普通的独立的图层，这些图层可以分别进行编辑，如图 5-2-20 所示。

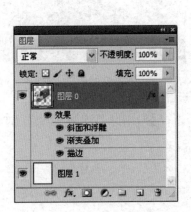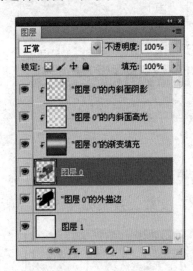

图 5-2-20 创建图层

任务描述

本任务通过滤镜的应用、图层样式的设置及通道创建选区的方法在砂纸质感的背景上制作水滴质感效果，如图 5-2-21 所示。在力求自然、细腻的质感效果中更加凸显主题，使画面更具有吸引力。

图 5-2-21 水滴质感背景

任务实现

1. 制作质感背景

（1）新建一个大小为 1024 像素×768 像素、分辨率为 72 像素/英寸的文件，执行"文件→存储为"命令，保存文件为"5-2-效果.psd"。

（2）打开"通道"面板，新建"Alpha1"通道。保持当前拾色器的前景色、背景色分别为黑色、白色。执行"滤镜→渲染→云彩"命令，生成"云彩"效果，如图 5-2-22 所示。

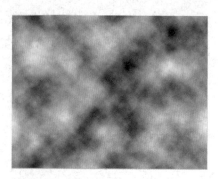

图 5-2-22　生成"云彩"效果

（3）执行"滤镜→风格化→浮雕效果"命令，在弹出的"浮雕效果"对话框中设置参数，单击"确定"按钮。参数及效果如图 5-2-23 所示。

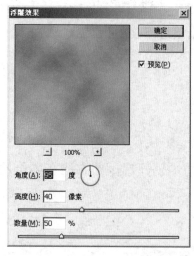

图 5-2-23　"浮雕效果"的参数及效果

（4）按住【Ctrl】键，单击"Alpha1"通道，得到该通道选区。回到图层编辑状态，新建"图层 1"，设置前景色为"R：199，G：150，B：91"，按【Alt+Delete】组合键填充选区为前景色，按【Ctrl+D】组合键取消选区，生成纸纹效果，如图 5-2-24 所示。

（5）复制"图层 1"为"图层 1 副本"，按【Ctrl+E】组合键合并这两个图层，加强纸纹效果，如图 5-2-25 所示。

图 5-2-24　生成纸纹效果　　　　　　　图 5-2-25　加强纸纹效果

（6）执行"滤镜→渲染→光照效果"命令，打开"光照效果"对话框，设置样式为"两点钟方向点光"，调整光圈方向及大小，单击"确定"按钮。设置参数及效果如图 5-2-26 所示。

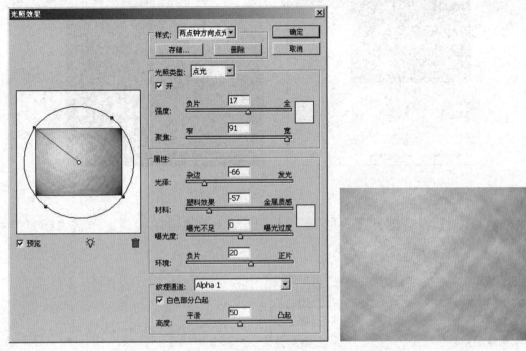

图 5-2-26   "光照效果"的参数及效果

（7）打开"通道"面板，新建"Alpha2"通道。保持当前拾色器的前景色、背景色为黑、白色。执行"滤镜→杂色→添加杂色"命令，在弹出的"添加杂色"对话框中设置参数，单击"确定"按钮。参数及效果如图 5-2-27 所示。

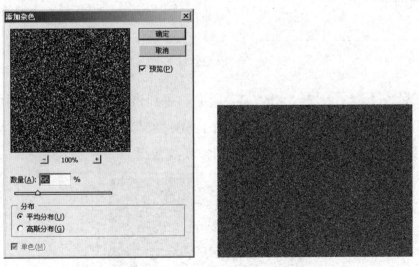

图 5-2-27   "添加杂色"的参数及效果

（8）执行"滤镜→模糊→动感模糊"命令，在弹出的"动感模糊"对话框中设置参数，单击"确定"按钮。参数及效果如图 5-2-28 所示。

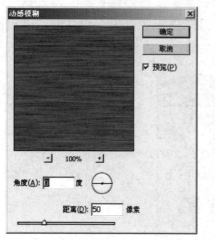

图 5-2-28　　"动感模糊"的参数及效果

（9）按【Ctrl+L】组合键打开"色阶"对话框，调整色阶的参数，单击"确定"按钮。参数及效果如图 5-2-29 所示。

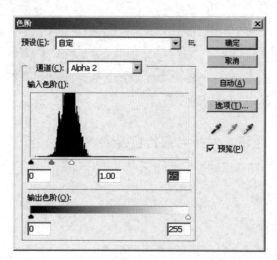

图 5-2-29　调整"色阶"的参数及效果

（10）按住【Ctrl】键，单击"Alpha2"通道，得到该通道选区。回到图层编辑状态，新建"图层 2"，设置前景色为"R：192，G：151，B：86"，按【Alt+Delete】组合键填充选区为前景色，按【Ctrl+D】组合键取消选区，制作底纹效果，如图 5-2-30 所示。

图 5-2-30　制作底纹效果

2. 制作水滴质感

（1）设置前景色为白色，选择工具箱中的文字工具 **T**，设置"字体"为"华文隶书"，"大小"为"200 点"，输入文字"似水流年"，调整位置后效果如图 5-2-31 所示。

图 5-2-31　文字效果

（2）双击该文字图层，弹出"图层样式"对话框，为文字添加"投影"、"内阴影"、"内发光"、"斜面及浮雕"和"描边"的图层样式。设置图层样式及生成效果如图 5-2-32 所示。

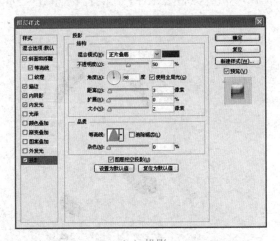

（a）投影

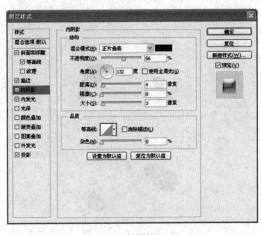

（b）内阴影

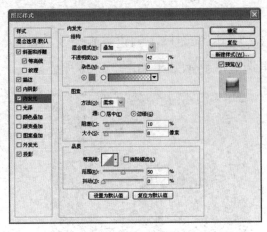

（c）内发光

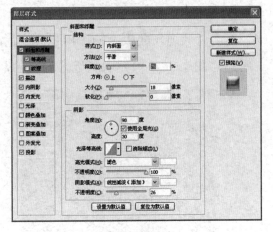

（d）斜面及浮雕

图 5-2-32　设置图层样式及生成效果

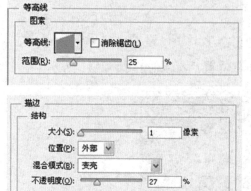

（e）描边　　　　　　　　　　　　　　（f）生成效果

图 5-2-32　设置图层样式及生成效果（续）

（3）单击"通道"面板，建立新通道"Alpha3"。选择工具箱中的画笔工具，不断调整画笔的大小在通道上绘制出如图 5-2-33 所示的水滴形状。按住【Ctrl】键的同时单击"Alpha3"通道，载入水滴的选区，效果如图 5-2-34 所示。

图 5-2-33　通道中绘制的水滴　　　　　　　　　图 5-2-34　载入水滴选区

（4）单击"通道"面板上的"RGB 通道"，选择"图层"面板，创建水滴选区，如图 5-2-35 所示。新建"图层 3"，填充水滴选区为白色，取消选区后显示效果如图 5-2-36 所示。

图 5-2-35　创建水滴选区　　　　　　　　　　图 5-2-36　填充水滴为白色

（5）选择文字所在的图层，在"图层"面板上右击，在弹出的菜单中选择"复制图层样式"命令，选择"图层 3"，在"图层"面板上右击，在弹出的菜单中选择"粘贴图层样式"命令。双击"图层 3"，弹出"图层样式"对话框，调整"斜面和浮雕"中的"光泽等高线"，效果如图 5-2-37 所示。

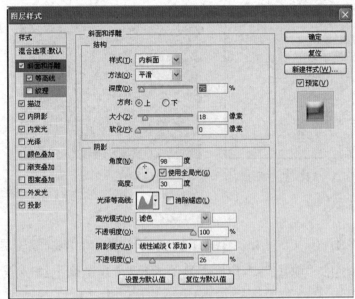

图 5-2-37　制作水滴效果

（6）新建"图层 4"，设置前景色为白色。选择工具箱中的"画笔工具"，选择"缤纷蝴蝶"画笔，适当调整画笔的"角度"及"大小"，单击图像绘制如图 5-2-38 所示的白色蝴蝶。

图 5-2-38　绘制蝴蝶

（7）选择"图层 3"，在"图层"面板上右击，在弹出的菜单中选择"复制图层样式"命令，选择"图层 4"，在"图层"面板上右击，在弹出的菜单中选择"粘贴图层样式"命令。双击"图层 4"，弹出"图层样式"对话框，取消"内阴影"及"描边"的图层样式，添加"颜色叠加"图层样式，制作质感的蝴蝶，如图 5-2-39 所示。

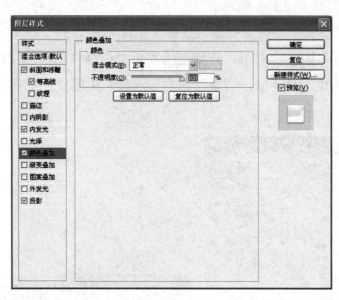

图 5-2-39　制作质感的蝴蝶

3．添加绿叶装饰

新建"图层 5"，设置前景色为"R：0，G：146，B：31"。选择工具箱中的画笔工具 ✐，选择"散布枫叶"画笔，不断调整画笔的"颜色"、"角度"及"大小"，在图像上绘制绿叶，效果如图 5-2-40 所示。

图 5-2-40　添加绿叶效果

任务回顾

在本任务中，结合通道与滤镜的应用制作了一张带有褶皱、横纹的砂纸，结合通道选区与图层样式制作出晶莹剔透的水滴特效。在本任务中，还指出了质感特效制作的一般技巧：通道、滤镜、图层样式的综合应用。无论是哪种特效的制作都要以接近实材为准，将这种艺术写实的图像效果用到整体设计中去，才能更好地反映主题，达到宣传目的。

制作质感效果

1．图层样式

制作质感或纹理，图层样式也是常用的方法。它通过对光线、深度、大小等要素的调整营造出一种立体空间效果，从而产生质感或纹理。引起纹理变化最敏感的选项当属"角度"、

"高度"和"等高线",它们的细微改变往往可以使图像效果发生翻天覆地的变化。只要对图层样式的各个选项及参数有基本了解,就可以制作出许多漂亮生动的效果。

2."云彩"滤镜

在 Photoshop 中,要制作诸如褶皱、砂石、泥土、岩壁等纹理和质感,通常采用"云彩"滤镜结合其他滤镜来实现。例如,本任务中结合了"浮雕效果"及"光照效果"。事实上,利用"云彩"滤镜和图层样式结合,也可以制作出形态各异的纹理和质感,尤其是"斜面和浮雕"中的"雕刻柔和"方法,如图 5-2-41 所示,采用通道方法生成云彩后,设置图层样式产生质感。

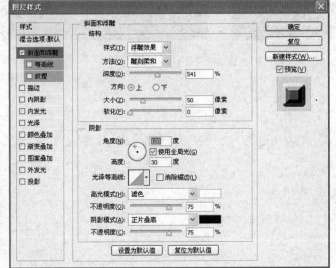

图 5-2-41 "云彩"滤镜和图层样式结合产生质感

"云彩"滤镜生成前景色、背景色的随机混合效果,某些滤镜要起作用,需要和"云彩"滤镜结合使用,生成一些随机但又自然真实的效果。例如,可以通过"云彩"滤镜生成云雾效果,在"云彩"滤镜的效果上使用"晶格化"滤镜或"波纹"滤镜后的效果,如图 5-2-42 所示。

　　(a)晶格化效果　　　　　　　　　　(b)波纹效果
图 5-2-42 "云彩"滤镜与其他滤镜的结合应用的效果

实战演练

根据所提供的素材，完成如图 5-2-43 所示的质感效果。

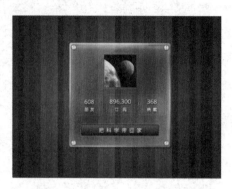

图 5-2-43　质感效果

 提示

① 打开素材"实训 5-2-1.jpg"，应用"内阴影"图层样式制作底纹效果。

② 绘制长方形、圆形、不规则形状，应用"斜面和浮雕"、"描边"、"渐变叠加"和"投影"等图层样式制作白色质感面板。

③ 应用图层样式及不透明度制作按钮。

任务 3　炫彩背景的制作

 学习目标

➤ 滤镜的应用
➤ 画笔路径

 准备知识

滤镜的种类很多，效果也十分丰富。它不仅可以制作各种特效，还能模拟素描、油画、水彩等绘画效果。在这里介绍一些常用的滤镜。

1. 模糊滤镜

模糊滤镜主要靠降低像素之间的对比度来达到模糊效果。这个滤镜大多数与其他滤镜配合在一起综合使用。

（1）表面模糊滤镜

表面模糊滤镜可以在模糊对象时保留图像边缘和去除杂点和颗粒。"表面模糊"对话框及完成效果如图 5-3-1 所示。

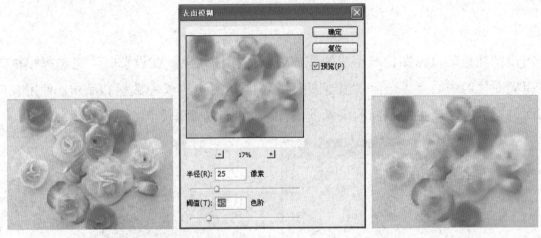

图 5-3-1　"表面模糊"对话框及完成效果

（2）动感模糊滤镜

动感模糊滤镜是将图像中的像素朝着某一个方向移动产生模糊。这种模糊的效果往往都是将图像中的像素拉成一条条运动的线条，所以常常用于表现运动物体的背景。"动感模糊"对话框及完成效果如图 5-3-2 所示。在对话框中"角度"表示模糊的方向，"距离"表示速度感，数值越大，效果越明显。

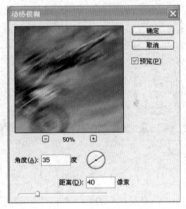

图 5-3-2　"动感模糊"对话框及完成效果

（3）平均模糊滤镜

使用图像或选区中颜色的平均值来对平均模糊滤镜进行填充，从而使图像变成一个单一颜色填充的图像，效果如图 5-3-3 所示。

图 5-3-3　"平均模糊"效果

（4）径向模糊滤镜

径向模糊滤镜可以使图像产生旋转或放射状的模糊效果。在设置时，先选择模糊方式，再调整模糊变化的中心点（光标在预览图中移动），最后设置模糊数量和品质。使用径向模糊滤镜的两种模糊方法产生的不同的模糊效果如图 5-3-4 所示。

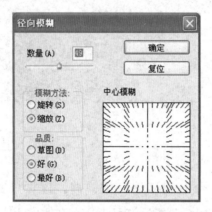

（a）"径向模糊→缩放"效果

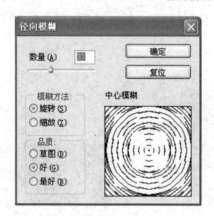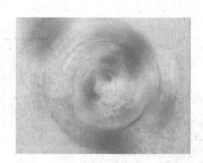

（b）"径向模糊→旋转"效果

图 5-3-4　"径向模糊"对话框及完成效果

（5）高斯模糊滤镜

高斯模糊滤镜是应用最广泛的一个模糊滤镜，利用钟形高斯曲线的分布方式，有选择性地快速模糊图像。可以通过调整半径值来达到控制模糊强度的目的。在前面的例子中有应用，这里就不再进行介绍了。

（6）镜头模糊滤镜

镜头模糊滤镜主要模拟的是在摄影镜头中通过控制镜头景深来达到控制图像模糊范围的效果。

在使用该滤镜之前，先将需要模糊的地方用选区表示出来，再执行滤镜。调整对话框的各个参数，控制模糊区域模糊的形状、亮度等。该滤镜的完成效果如图 5-3-5 所示。

原图选区

完成效果

图 5-3-5　"镜头模糊"滤镜完成效果

2. 扭曲滤镜

扭曲滤镜在实际应用中非常广泛，它的主要功能是使图像在像素的排列上发生变形，如弯曲、波纹等。以下介绍一些常用的扭曲滤镜。

（1）切变滤镜

以竖直方向的线，控制扭曲图像，未定义区域的"折回"表示切变像素外的图像也随着切变的像素发生扭曲，图像以拼贴的方式填充背景；"重复边缘像素"表示背景边缘用相应的颜色填充，不会产生拼贴效果，给人的感觉只有中间部分扭曲，而背景不变。单击"复位"按钮恢复到原来状态。"切变"对话框及完成效果如图 5-3-6 所示

图 5-3-6　"切变"对话框及完成效果

（2）波浪滤镜

波浪滤镜在图像上形成波浪形态。在"波浪"对话框中设定不同的波长、波幅、波形等参数，完成波浪的效果，如图 5-3-7 所示。

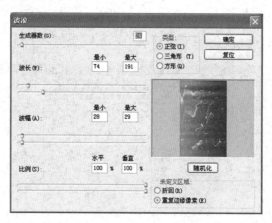

图 5-3-7　"波浪"对话框及完成效果

（3）极坐标滤镜

极坐标滤镜有两种方式：一种是由极坐标到平面坐标；另一种是由平面坐标到极坐标。第一种情况以图像中心为圆心，将图像由圆变成直线；而第二种情况恰好相反，由直线变成圆形，如图 5-3-8 所示。

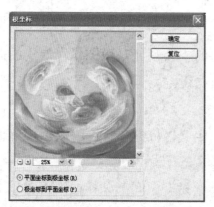

（a）"极坐标→平面坐标到极坐标"效果

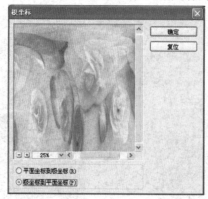

（b）"极坐标→极坐标到平面坐标"效果

图 5-3-8　极坐标滤镜的两种方式及完成效果

（4）挤压滤镜

挤压滤镜是以图像的中心为基准，按凹凸镜的形态扭曲图像。通过设置挤压参数来控制扭曲的程度，正值为向内挤压，负值为向外突出，取值的范围为-100%～100%。"挤压"对话框及完成效果如图5-3-9所示。

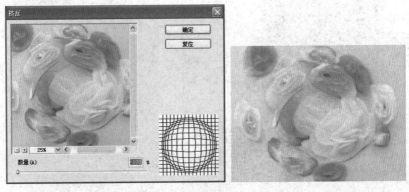

（a）"挤压→-100%"效果

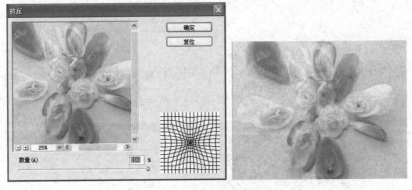

（b）"挤压→100%"效果

图 5-3-9　"挤压"对话框及完成效果

（5）旋转扭曲滤镜

旋转扭曲滤镜将当前图层的像素以图像中心为中心进行旋转，这种旋转的强度是从外到内逐渐加强的。设置不同的角度参数，因旋转的程度不同而得到不同的效果。"旋转扭曲"对话框及完成效果如图5-3-10所示

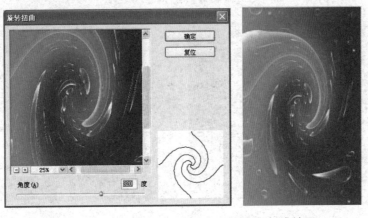

图 5-3-10　"旋转扭曲"对话框及完成效果

（6）水波滤镜

水波滤镜可使图像表现如水面中出现的同心圆水波的效果。可以通过不同的参数设置，得到不同波纹效果。"水波"对话框及完成效果如图 5-3-11 所示。

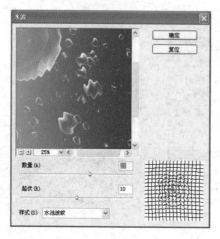

图 5-3-11　"水波"对话框及完成效果

（7）玻璃滤镜

玻璃滤镜主要用来创建一系列透过具有质感的玻璃观看图像的效果，在 CMYK 和 Lab 模式下不能使用。"玻璃"对话框及完成效果如图 5-3-12 所示。

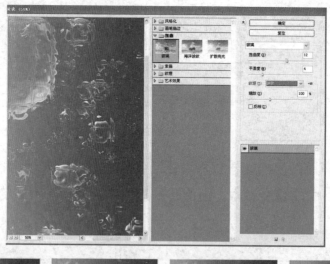

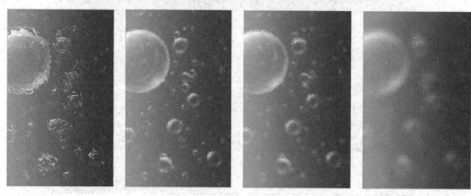

图 5-3-12　"玻璃"对话框及完成效果

3. 渲染滤镜

渲染滤镜可以在图像上制作云彩形态或设置照明及镜头光晕效果，这类滤镜可以自己产生图像。

（1）分层云彩滤镜

分层云彩滤镜可以利用前景色和背景色制作出云彩效果，效果如图 5-3-13 所示。

（a）一次黑白分层云彩　　（b）再次黑白分层云彩　　（c）一次红绿分层云彩　　（d）再次红绿分层云彩

图 5-3-13　"分层云彩"效果

（2）光照效果滤镜

光照效果滤镜可以在图像上设置光源的位置和照明，实现光照的效果。"光照效果"对话框及完成效果如图 5-3-14 所示。

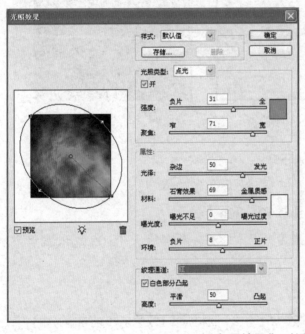 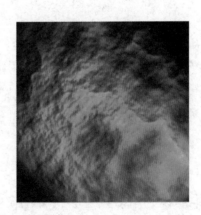

图 5-3-14　"光照效果"对话框及完成效果

"光照效果"对话框中各选项的含义如下。

① 样式，用以设置照明的样式，共有 17 种。

② 光照类型，用以设置光源的类型，包括点光、平行光、全光源。包括以下两个参数。

● 强度：设置照明的亮度。

● 聚焦：设置照明照射的范围。

③ 属性，用以设置照明的属性。

- 光泽：设置在照明光下图像的反射程度。
- 材料：设置照明光的质感。
- 曝光度：设置在照明光下图像的暴露程度。
- 环境：设置应用在整个图像上的环境光。

④ 纹理通道，在各个颜色上利用通道制作出浮雕效果。

（3）镜头光晕滤镜

该滤镜可在图像上完成光线反射的效果。"镜头光晕"对话框及完成效果如图 5-3-15 所示。

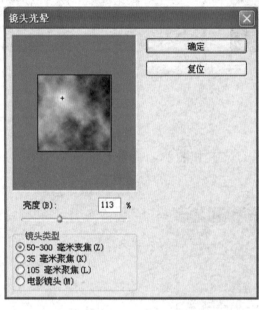

图 5-3-15 "镜头光晕"对话框及完成效果

"镜头光晕"对话框中各项的含义如下。

- 预览窗口：在此窗口可以利用"+"光标设置光的位置。
- 亮度：设置亮度。值的输入范围为 10～300。
- 镜头类型：提供了"50-300 毫米变焦"、"35 毫米聚焦"、"105 毫米聚焦"和"电影镜头"4 种镜头。

（4）纤维滤镜

纤维滤镜利用前景色和背景色在图像上产生纤维材质的效果，在前面的例子中已有应用，这里不再介绍。

（5）云彩滤镜

云彩是使用介于前景色和背景色之间的随机像素值生成的。与分层云彩滤镜不同的是，每次使用云彩滤镜都会重新生成云彩，而分层云彩滤镜是重复使用，会与前次使用的效果混合，产生浓烈的色彩变化。"云彩"效果如图 5-3-16 所示。

图 5-3-16　"云彩"效果

4．风格化滤镜

风格化滤镜在图像上应用质感或亮度，使图像在样式上产生变化。风格化滤镜效果如图 5-3-17 所示。

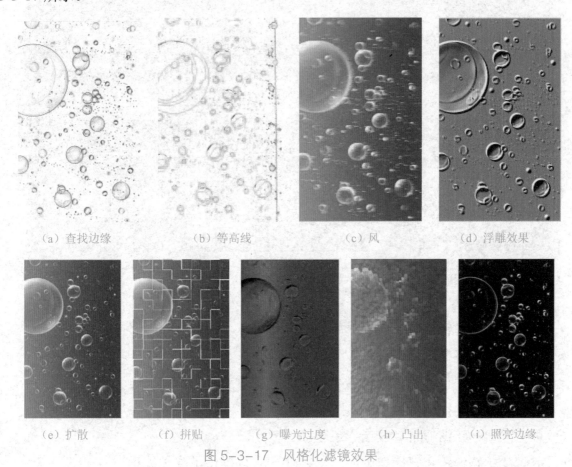

|（a）查找边缘|（b）等高线|（c）风|（d）浮雕效果|
|（e）扩散|（f）拼贴|（g）曝光过度|（h）凸出|（i）照亮边缘|

图 5-3-17　风格化滤镜效果

- 查找边缘：该滤镜用深色线条表现图像的边线，图像的其他部分用白色表示。
- 等高线：该滤镜可拉长图像的边线部分，将颜色边线用阴影颜色表示，图像的其他部分为白色。
- 风：该滤镜在图像上设置风吹的效果。

- 浮雕效果：该滤镜使图像表现出浮雕的效果。
- 扩散：该滤镜可扩散图像像素，使图像有绘画的效果。
- 拼贴：该滤镜将图像处理为马赛克瓷砖的效果。
- 曝光过度：该滤镜模仿底片曝光的效果。
- 凸出：该滤镜通过矩形或金字塔形突出表现图像的效果。
- 照亮边缘：该滤镜在图像的轮廓上设置类似霓虹灯的发光效果。

5. 纹理滤镜

纹理滤镜主要在图像上应用不同的质感，产生一系列具有相关材质的效果。纹理滤镜效果如图 5-3-18 所示。

(a) 龟裂缝　　　　　　(b) 颗粒　　　　　　(c) 马赛克拼贴

(d) 拼缀图　　　　　　(e) 染色玻璃　　　　　　(f) 纹理化

图 5-3-18　纹理滤镜效果

- 龟裂缝：该滤镜仿制了龟裂材质的壁画效果。
- 颗粒：该滤镜在图像上设置多种杂点。
- 马赛克拼贴：该滤镜仿制马赛克形态的瓷砖效果。
- 拼缀图：该滤镜仿制矩形瓷砖效果。
- 染色玻璃：该滤镜仿制镶嵌彩色玻璃的效果。
- 纹理化：该滤镜可在图像上显示出纹理。系统提供了 4 种纹理。

6. 杂色滤镜

杂色滤镜可以将杂色与周围像素混合起来，使之不太明显从而去除有问题的区域，也可以用来在图像中添加粒状纹理。杂色滤镜主要包含以下 5 种滤镜。

（1）减少杂色滤镜

减少杂色滤镜可以去除影响图片质量的杂色，通过参数调整使图像更符合要求。

（2）蒙尘与划痕滤镜

蒙尘与划痕滤镜通过更改相异的像素从而减少杂色，弥补图像中的缺陷。该滤镜对图像或选区中的缺陷进行局部模糊，将其融合到周围的像素中去，对于去除扫描图像中的杂点和折痕特别有效。

（3）去斑滤镜

去斑滤镜会依照图像的颜色分布辨别哪些是不必要的杂点，以周围相近的其他颜色取代，消除图像中的斑点，同时保留细节。

（4）添加杂色滤镜

添加杂色滤镜可以将随机的像素应用于图像，模拟在高速胶片上拍照的效果，也可以用来减少羽化选区或渐变填充中的条纹，或用来使过度修饰的区域显得更真实。用户可以应用该滤镜在空白图像上随机产生杂点，制作杂纹或底纹。

（5）中间值滤镜

中间值滤镜通过混合选区中像素的亮度来减少图像的杂色，在消除或减少图像的动感效果时非常有用。

 ## 任务描述

本任务使用 Photoshop 中的滤镜、路径等工具，设计、制作符合主题要求的炫彩背景，以达到更好、更充分的辅助作用，服务于设计本身，任务效果如图 5-3-19 所示。

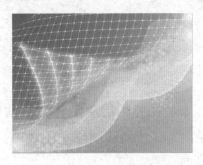

图 5-3-19　任务效果

任务实现

1. 制作背景

（1）新建一个大小为 1024 像素×768 像素，分辨率为 72 像素/英寸的文件，保存文件名为"5-3-效果.psd"。

（2）设置拾色器中前景色为"R：236，G：212，B：0"，背景色为"R：225，G：15，B：0"。选择工具箱中的渐变工具 ，在"背景"层上拉出"前景色到背景色"的"线性渐变"

效果，如图 5-3-20 所示。

（3）执行"滤镜→渲染→镜头光晕"命令，在弹出的"镜头光晕"对话框中设置3个"镜头光晕"，如图 5-3-21 所示。

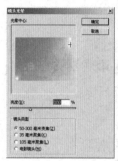

图 5-3-20　渐变背景　　　　　　　　　　　　　图 5-3-21　添加镜头光晕

2. 制作云层效果

（1）新建"图层 1"，选择工具箱中的矩形选框工具 ，绘制如图 5-3-22 所示的选区。设置前景色为白色，选择工具箱中的渐变工具 ，在选区内拉出"前景色到透明"的渐变效果，如图 5-3-23 所示，按【Ctrl+D】组合键取消选区。

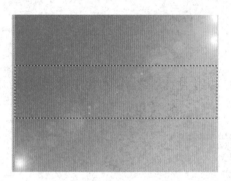
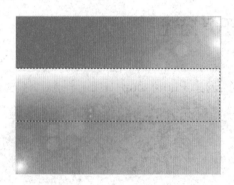

图 5-3-22　绘制矩形框选区　　　　　　　　　　图 5-3-23　渐变效果

（2）执行"滤镜→液化"命令，在弹出的"液化"对话框中设置"画笔大小"为"300像素"，单击向前变形工具 ，在"液化"窗口中拖拉，如图 5-3-24（a）所示。单击"确定"按钮，生成效果如图 5-3-24（b）所示。

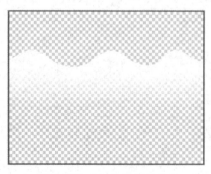
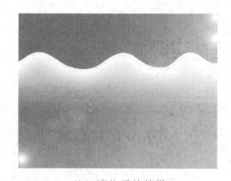

（a）液化窗口中的变形效果　　　　　　　　　　（b）液化后的效果

图 5-3-24　液化效果

（3）按【Ctrl+U】组合键打开"色相/饱和度"对话框，调整图层的"色相/饱和度"，单击"确定"按钮，设置"图层 1"的不透明度为"30%"，效果如图 5-3-25 所示。

图 5-3-25　调整色相/饱和度的效果

（4）按【Ctrl+T】组合键对图层进行变换，拉伸旋转后效果如图 5-3-26 所示。先后复制"图层 1"生成"图层 1 副本 1"、"图层 1 副本 2"、"图层 1 副本 3"及"图层 1 副本 4"，适当调整图层的位置及不透明度，效果如图 5-3-27 所示。

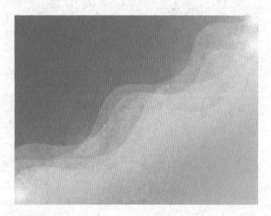

图 5-3-26　"图层 1"的调整效果　　　　　图 5-3-27　多个图层的调整效果

（5）选择工具箱中的画笔工具 ✐，单击"画笔工具"选项栏上"画笔"选项的下拉箭头，选择"载入画笔"选项，载入提供的画笔素材"笔杆子 456.abr"，如图 5-3-28 所示。

（6）新建"图层 2"，选择"样本画笔 2"，设置画笔的不透明度为"30%"，流量为"90%"，不断调整画笔的大小在图层上绘制如图 5-3-29 所示的效果。

3．制作网格效果

（1）新建"图层 3"，填充白色。放大当前图像至 300%大小，选择工具箱中的"圆角矩形工具" ▢，选中"圆角矩形工具"选项栏上的"像素"选项 像素 ⌄，设置前景色为红色，在图层上绘制出如图 5-3-30·（a）所示的圆角矩形。选择工具箱中的矩形选框工具 ⬚，创建如图 5-3-30（b）所示的选区。执行"编辑→定义图案"命令，定义选区为图案，取消选区。

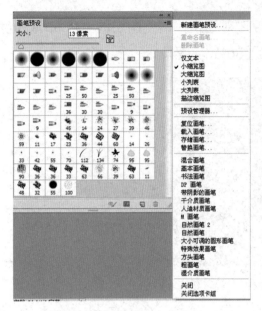

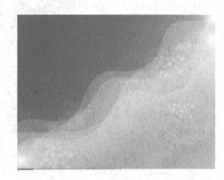

图 5-3-28　载入新画笔　　　　　　　　　　　图 5-3-29　用画笔绘制效果

（a）绘制圆角矩形　　　　　　　　　　（b）创建图案选区

图 5-3-30　绘制圆角矩形与创建图案选区

（2）新建"图层 4"，执行"编辑→填充"命令，为"图层 4"填充第 2 步中定义的图案，效果如图 5-3-31 所示。

图 5-3-31　填充图案效果

（3）选择工具箱中的魔棒工具，调整"容差"为"3"，在图层的红色部分单击，创建选区，如图 5-3-32（a）所示。按【Delete】键删除选区中的红色，取消当前选区。单击"图层"面板上的"锁定透明像素"按钮锁定透明像素，设置前景色为白色，按【Alt+Delete】组合键填充前景色，生成网格，如图 5-3-32（b）所示。再次单击"图层"面板上的"锁定透明像素"按钮❏锁定透明像素。

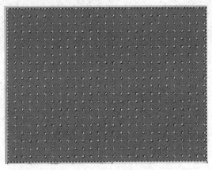
（a）创建红色选区

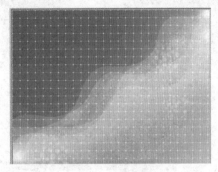
（b）生成网格

图 5-3-32　建立选区与生成网格

（4）执行"编辑→变换→变形"命令，调整图层，按【Enter】键后效果如图 5-3-33 所示。

（5）复制"图层 4"生成"图层 4 副本"，拖动"图层 4 副本"至"图层 4"下方，选择"图层 4 副本"，单击"图层"面板上的"锁定透明像素"按钮❏锁定透明像素，设置前景色为"R：255，G：246，B：127"，按【Alt+Delete】组合键填充前景色，再次单击"图层"面板上的"锁定透明像素"按钮❏锁定透明像素。

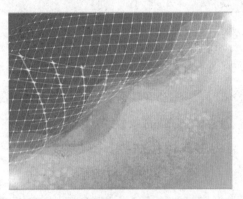

图 5-3-33　变形后的网格效果

（6）执行"滤镜→模糊→高斯模糊"命令，设置"半径"为"12 像素"，单击"确定"按钮，复制"图层 4 副本"生成"图层 4 副本 2"，合并"图层 4 副本"与"图层 4 副本 2"生成"图层 4 副本"，如图 5-3-34 所示。

（7）选择"图层 4 副本"，选择工具箱中的多边形套索工具❏，绘制如图 5-3-35（a）所示的选区，执行"选择→修改→羽化"命令，在弹出的"羽化选区"对话框中设置"羽化半径"为"6 像素"，单击"确定"按钮，按【Ctrl+Shift+J】组合键生成"图层 5"，如图 5-3-35（b）所示。

（8）多次复制"图层 5"先后生成"图层 5 副本 1"、"图层 5 副本 2"和"图层 5 副本 3"，合并这四个图层生成"图层 5 副本 3"，拖动"图层 5 副本 3"至"图层 4 副本"下方，图层排列及网格的最终效果如图 5-3-36 所示。

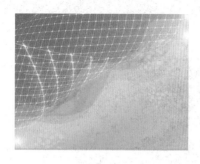  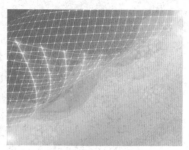

（a）绘制选区　　　　　　　　　　（b）生成新图层

图 5-3-34　模糊后的网格效果　　　　　图 5-3-35　绘制选区与生成新图层

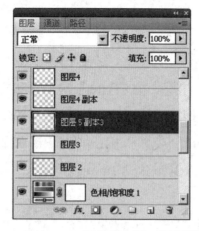 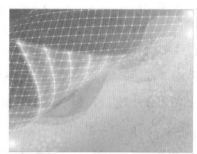

图 5-3-36　图层排列及网格的最终效果

4．制作潜网效果

（1）新建"图层 6"，选择工具箱中的钢笔工具 ，绘制如图 5-3-37（a）所示的路径。选择"1 像素"大小的硬边圆角画笔，设置前景色为"黑色"，在"路径"面板上单击"画笔描边路径"按钮 ，为该路径描边生成黑色曲线，如图 5-3-37（b）所示。隐藏其他图层，执行"编辑→定义画笔预设"命令，定义该曲线为画笔。

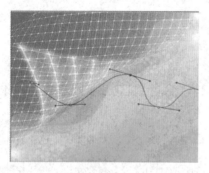 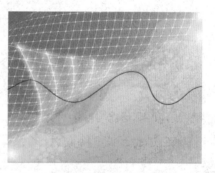

（a）绘制路径　　　　　　　　　　（b）画笔描边路径

图 5-3-37　绘制路径与画笔描边路径

（2）选择工具箱中的钢笔工具 ，再绘制一条如图 5-3-38 所示的路径。

（3）选择工具箱中的画笔工具 ，选择第 1 步定义的画笔，调整"画笔笔尖形状"的参数，如图 5-3-39（a）所示。新建"图层 7"，为路径描边，如图 5-3-39（b）所示。

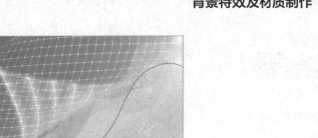

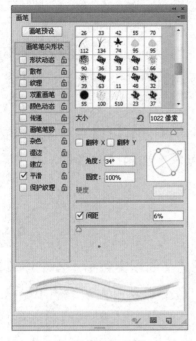

图 5-3-38 绘制路径

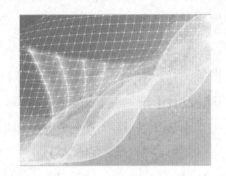

（a）调整画笔参数　　　　　　　　　　（b）描边路径

图 5-3-39 调整画笔参数与描边路径

（4）选择"图层 7"，单击"图层"面板上的"添加矢量蒙版"按钮 ，为图层添加蒙版。选择工具箱中的渐变工具 ，分别设置前景色、背景色为黑、白色，在蒙版上拉出"前景色到背景色"的"线性渐变"效果，调整图层的不透明度为"70%"，如图 5-3-40 所示。

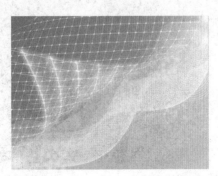

图 5-3-40 设置蒙版效果

任务回顾

1. 渐变与蒙版

根据画面的需要，使用各种方式的颜色渐变可以制造不同色彩感觉和视觉感受的画面氛围，画面的气氛和色彩感觉基本决定了整个设计作品的格调和风格。

在使用渐变效果过程中结合蒙版，可以制作出图像或图层的虚实变化，这种虚实变化可以为炫彩背景带来空间的远近和延伸。

2. 路径定义画笔

使用钢笔工具绘制直线路径和自由曲线路径，用以创设自定义画笔。应用该画笔，运用路径描边功能可以制作具有音乐节奏和律动感的线网效果，丰富炫彩背景的层次感。

3. 模糊滤镜

模糊滤镜的运用，尤其是动感模糊滤镜和径向模糊滤镜可以将图像或图层变化出极强的运动感和方向感；不同形式的模糊滤镜的运用既可以增加画面的景深，拉大空间的远近，又可以使画面产生光晕和光感。

4. 制作网格线

任务中提供了制作网格线的一种方法。在图像放大 300% 的前提下，使用圆角矩形绘制图案。在定义图案时，由于选区是一个直角矩形，所定义的图案包括了 4 个边角处的白色背景，因此在正常图像大小下填充图案后，就会产生有白色交点及白色边线的小网格。删除红色后，就只剩下空心的网格，保留了白色交点及白色边线。"锁定透明像素"的操作是为了让这些白色显示更明显。简单来说，"锁定透明像素"相当于建立了当前图层的选区。

实战演练

应用滤镜工具，制作如图 5-3-41 所示的小海报。

图 5-3-41　"技能节"小海报

提示

（1）海报背景的制作。

① 将"s5-3a.jpg"素材进行颜色调整，调整为深蓝色，利用该素材分别形成三个图层，并利用风滤镜生成光影效果，通过蒙版及图层混合模式的调整，达到背景光影效果。

② 将"s5-3b.psd""s5-3c.jpg"文件放置在"s5-3a.jpg"的上层，调整图层混合模式，制作出海报背景。

（2）机器人及对话人制作。

① 将"s5-3d.png"素材分别复制成三层，利用滤镜库中的滤镜产生不同的纹理效果，再通过图层混合模式达到效果。

② 将"s5-3e.jpg"对话人素材利用蒙版进行显示调整，利用图层混合模式调整所需要的效果。

（3）制作文字效果

输入文字后，通过图层样式的调整，为文字叠加颜色、描边、添加投影等。

项目小结

通过本项目的学习，读者对如何运用所学的 Photoshop 知识和技法，进行不同的背景特效制作有了较为全面的认识。无论是"图案背景"的设计，还是"质感""炫彩"特效的实现，都是考虑如何将Photoshop 中的工具和命令、图层、通道、滤镜等直接运用到设计作品中。例如，渐变工具产生自然的、柔和的过渡效果，就比较合适用于背景舒缓、平静的作品；模糊滤镜的效果可以给画面带来朦胧、运动、速度等视觉感受；路径和画笔工具的结合常常会产生意想不到的效果，给人们带来柔美、浪漫、飘动的音乐节奏感；而蒙版和透明渐变的混合运用，为画面带来强烈的虚实变化和空间转换效果。

背景特效设计制作，常常需要很多工具和技法综合应用，效果才会较为理想。所以读者只有多用、多想、多练习，才能做到手脑一致，融会贯通，创作出人们需要的画面效果，最终为设计主题服务。

项目 6

文字的制作与处理

　　文字在广告、印刷品等平面作品中能够直观地将信息传递给观众。特别是在商业作品中，文字是不可缺少的重要元素。将文字以丰富多彩的方式加以表现是设计领域中十分重要的创作途径。

　　图形图像处理软件都具有文字的制作与处理功能，创作出来的文字效果千变万化，概括起来主要包括几个大的方面：段落文字、变形文字、路径文字、特效文字等。

任务 1　段落文字的制作

　学习目标

➤ 文字工具

➤ 点文本及段落文本

➤ 文字的输入与编辑方法

准备知识

图形图像处理软件都具有文字的制作与处理功能。利用 Photoshop 的文字工具，既可以在图像中添加一般性的文字，也可以制作出较复杂的文字效果。在此介绍文字工具的基本用法。

1. 文字工具组

（1）文字工具

文字工具主要包括横排文字工具 T、直排文字工具 IT、横排文字蒙版工具 T 和直排文字蒙版工具 IT 4 个工具，如图 6-1-1 所示。

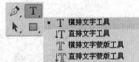

图 6-1-1　文字工具

- 横排文字工具：输入水平排列的文字。
- 直排文字工具：输入垂直排列的文字。
- 横排文字蒙版工具：创建水平排列的文字形状选区。
- 直排文字蒙版工具：创建垂直排列的文字形状选区。

Photoshop 文字以独立图层的形式存放，使用横排文字工具和直排文字工具，输入文字后将会自动建立一个文字图层，图层名称就是文字的内容，如图 6-1-2 所示。文字图层具有和普通图层一样的性质，如图层混合模式、不透明度等，也可以使用图层样式。

图 6-1-2　文字效果及文字图层

横排文字蒙版和直排文字蒙版是用来创建文字外形的选区，可进行选区的编辑，一定要在有图层的基础上进行操作，如图 6-1-3 所示。

图 6-1-3　用文字蒙版工具创建的选区

（2）"文字工具"选项栏

"文字工具"选项栏可以进行字体、字号、颜色等设置，如图 6-1-4 所示。

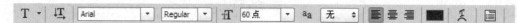

图 6-1-4　"文字工具"选项栏

- 改变文本方向 ：设置文字输入的方向。单击此按钮，可以将选择的水平方向文字转换为垂直方向，或者将选择的垂直方向文字转换为水平方向。
- 字体与字型 ：设置文字的字体及字体类型。
- 字体大小 ：设置文字的大小。
- 消除锯齿 ：设置文字边缘的平滑程度，包括"无""锐利""犀利""浑厚"和"平滑"5 种方式。
- 对齐方式 ：设置文字段落的对齐方式。横排文字的对齐方式分别为左对齐、居中和右对齐。当选择直排文字工具时，"对齐方式"按钮显示为 ，分别为顶对齐、居中和底对齐。
- 文字颜色 ：设置文字的颜色。
- 变形文字 ：设置文字的变形效果。
- 切换字符和段落调板 ：显示或隐藏"字符"和"段落"调板。

4 种文字工具的属性栏内容基本相同，只有"对齐方式"按钮在选择横排文字工具和选择直排文字工具时不同。

2．文字的创建与编辑

一般建立的文字有两种：一种是适合用在少量文字的"点文本"；另一种是"段落文本"。不同的文字形式创建的方法不同。

（1）点文本

在图像中添加少量文字，使用在点上创建文字。点文本是一个水平或垂直的文本行。选择文字工具，在图像窗口中单击，在出现输入光标后即可输入文字，按【Enter】键可换行。要结束输入可按【Ctrl+Enter】组合键或直接单击移动工具。如图 6-1-5 所示为点文本输入效果。

图 6-1-5　点文本输入效果

（2）段落文本

若要输入大量的文本，创建一个或多个段落，使用段落文本。段落文本是以文本框的方式建立文字，具有自动换行功能。具体操作如下。

选择文字工具，在图像窗口中，单击并按住鼠标左键不放，拖曳鼠标在窗口中创建一个段落定界框，段落定界框以水平或垂直方式控制文字的边界。文字插入点在定界框的左上角，输入文字时，文字遇到定界框会自动换行。图 6-1-6 为段落文本生成过程。

图 6-1-6　段落文本生成过程

3. 文字的修改

要编辑已输入的文字，首先选择要编辑的文字图层，然后选择文字工具，当鼠标停留在文字上方时，光标变为"Ⅰ"形状，单击后即可进入文字编辑状态。编辑文字时，可以在文字中拖动选择多个字符后单独更改这些字符的相关设定。为避免单击编辑了其他文字层，可先将其他文字图层隐藏，被隐藏的文字图层是不能被编辑的。

4. "字符"和"段落"调板

单击"文字工具"选项栏右边的 □ 按钮，可显示隐藏"字符"调板和"段落"调板。通过它们可以对文本格式和文字与段落的属性进行控制。

（1）"字符"调板主要用于编辑字符，主要功能是设置文字的字体、字体大小、字型及字间距或行间距等，如图 6-1-7 所示。

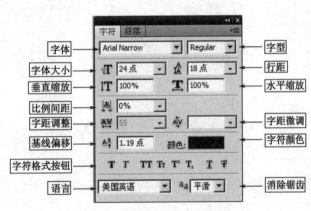

图 6-1-7　"字符"调板

（2）"段落"调板主要用于段落的编辑，如图 6-1-8 所示。

图 6-1-8　"段落"调板

任务描述

　　合理对文字进行编排能对版面起到很好的效果。对文字进行编排时，切忌散、乱。本任务通过利用文字工具在图像中进行不同的文字排版的方法，将元素统一在一个整体风格中。制作效果如图 6-1-9 所示。

图 6-1-9　制作效果

任务实现

　　1．"忆江南"的制作

　　（1）打开素材"6-1-1.psd"文件。

　　（2）利用横排文字工具，设置字体为"华文隶书"，字体大小为"150 点"，颜色为"黑色"，输入"忆"字。

　　（3）设置字体为"黑体"；字体大小为"68 点"，分别输入"江""南"两个字。

　　（4）调整各文字的位置，效果如图 6-1-10 所示。

　　（5）将"忆"文字层栅格化为普通层，然后选择画笔工具，设置笔触为"喷溅 14 像素"，为"忆"字添加类似墨迹渗透效果。

　　（6）利用同样的方法，将"江"字的下半部制作成墨迹渗透效果。设置颜色为"白色"，不透明度为"10%"，流量为"20%"，将"江"上半部制作成白色效果，如图 6-1-11 所示。

图 6-1-10　输入文字效果　　　　　　　　　　图 6-1-11　修饰文字效果

（7）选择"忆"图层，执行"图像→调整→反相"命令，将"忆"字变成白色。

（8）在文字的下方，新建一个图层，选择画笔工具，在该图层绘制墨团效果，如图 6-1-12 所示。

图 6-1-12　绘制墨团效果

2．广告文字效果制作

（1）利用竖排文字工具，输入古诗，设置字体为"楷体_GB2312"，字体大小为"22 点"，字间距为"200"，段落文字为左对齐，左缩进为"5"，效果如图 6-1-13 所示。

图 6-1-13　古诗文字的设置及效果

（2）新建一个图层，选择直线工具，设置粗细为"1px"，绘制竖线效果，如图 6-1-14 所示。

图 6-1-14　绘制竖线效果

（3）利用横排文字工具，设置字体大小为"14 点"，输入广告词，效果如图 6-1-15 所示。

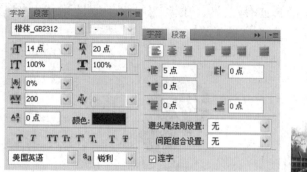

图 6-1-15　广告词的设置及效果

（4）设置字体为"黑体"，字体大小为"10 点"，颜色为"蓝色"，在图像下方输入楼盘介绍词"规划""配套""园林"，效果如图 6-1-16 所示。

（5）设置字体大小为"9 点"，颜色为"白色"，输入楼盘详细介绍文字，并设置左对齐及调整行距，效果如图 6-1-17 所示。

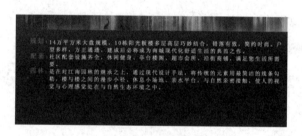

图 6-1-16　输入介绍词效果　　　　　　图 6-1-17　输入介绍文字效果

（6）输入预订电话等文字，并添加图层"外发光"效果。最终文字效果如图 6-1-18 所示。

图 6-1-18　最终文字效果

（7）保存文件，命名为"6-1 效果.psd"。

 任务回顾

在平面制作中，图与文字及其组合构成了整个版面的视觉效果，其中文字起到的作用是非常重要的。平面制作中的文字有主题、主体文字和应用文字，其形式运用根据不同字体的特质与属性，加以选择与组合促使画面和谐完整。下面就文字的特性作一些说明。

1．文字设计中的字体

字体是指文字的风格款式，不同的字体传达出不同的性格特征。对设计师而言，有多少视觉风格的表现可能就需要有多少与之相匹配的字体。制作时，选择字体必须充分考虑字体的个性特点，其选用的原则就是字体风格与版式的整体风格及主题内容相一致。

2．印刷体文字设计

印刷体指计算机中安装的字库中的所有字体，这些字体被大量地用在文章的正文字体、说明性文字、标题当中，包括中文印刷体和英文印刷体。

（1）中文印刷体

① 宋体。古代刻书字体上发展起来的最早的印刷体，其特点是"横细竖粗，多修饰角"，它给人典雅、大方、肃穆之感，效果如图 6-1-19 所示。

② 黑体。横竖粗细一致的笔画结构及多种笔画粗细选择，使其成为现代设计中应用最为广泛的字体之一，效果如图 6-1-20 所示。

图 6-1-19　宋体文字效果　　　　　　　　　　图 6-1-20　黑体文字效果

③ 超黑体。就像平静、冷漠的乐章中浑厚的声音，醒目、大方、男性化。如果它的字级小于 8P，其宽粗笔画会使它看起来像一个个墨团，因此较适合作为标题出现，效果如图 6-1-21 所示。

图 6-1-21　超黑体文字效果

④ 等线体。极简的字体风格，迎合了现代的审美观，它没有任何笔画的修饰及粗细之分，干净利落，特别适合段落性文字，效果如图 6-1-22 所示。

⑤ 圆体。一种港台字体，它保留了黑体的字型饱满、方正、结构严谨的特点，而在笔画两端和转折的地方加上了圆角处理，使其圆润、富有独特的亲和力。适合表现关于儿童、女性、食品等内容，效果如图 6-1-23 所示。

图 6-1-22　等线体文字效果　　　　　　　图 6-1-23　圆体文字效果

⑥ 楷体。特点是起落有力，粗细得宜，笔画清晰，可认性高，这种字体适用于说明性文字，效果如图 6-1-24 所示。

⑦ 仿宋体。字体修长，粗细均匀，起落笔都有笔顺，类似手书风格，挺拔秀丽，颇具文化味，效果如图 6-1-25 所示。

⑧ 隶书、草书、舒同体、魏碑等传统字体。由书法、篆刻发展而来的传统字体，应根据具体设计内容选用。由于它们烦琐宽粗的笔画、修饰与较弱的识别性，不太适合作为段落文字使用，对于以现代产品、服务、理念为主题的设计也是不太合适的。

图 6-1-24　楷体文字效果　　　　　　　图 6-1-25　仿宋体文字效果

⑨ 美术体。根据需要将一些笔画进行装饰变化而成的字体，效果如图 6-1-26 所示。

⑩ 书法体。能体现书法家神妙的运笔意趣，有高度的审美价值和超常的表现力，效果如图 6-1-27 所示。

图 6-1-26 美术体文字效果　　　　　　　　图 6-1-27 书法体文字效果

（2）外文印刷体

① 古罗马体。字脚形态与柱头相似，有明显的起落笔走向，适用于名牌的酒、高档化妆品等广告，效果如图 6-1-28 所示。

② 新罗马体（Times new Roman）。字体笔画粗细对比强烈，字脚饰线细直，给人一种严肃冷漠之感，富于节奏感和条理性，效果如图 6-1-29 所示。

③ 线体（Arial）。具有简洁有力、端庄大方的现代感，并有很强的视觉冲击力，适用于路牌广告和其他形式的户外广告，效果如图 6-1-30 所示。

图 6-1-28 古罗马体效果　　　　图 6-1-29 新罗马体效果　　　　图 6-1-30 线体效果

④ 歌特体。结构紧凑，笔画粗重，有很强的视觉感，效果如图 6-1-31 所示。

⑤ 意大利体。具有方向性的动感，它较多地与其他字体并用，造成一种对比效果，以增加广告作品生动活泼的美感，效果如图 6-1-32 所示。

⑥ 图形体。在英文字母或单词上用各种图形进行装饰，具有美观独特的效果，如图 6-1-33 所示。

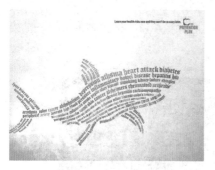

图 6-1-31　歌特体效果　　　　图 6-1-32　意大利体效果　　　　图 6-1-33　图形体效果

（3）印刷体的字体面积

计算字体面积的大小有号数制、点数制（也称为磅）和级数制。

号数制：比较常用，简称为"字号"。

点数制：也称为磅，是全球流行的计算字体的标准制度。

级数制：照相排版中文字大小以毫米计算，计量单位为"级"，以"J"表示，每一级等于 0.25 毫米，1 毫米等于 4 级。

3．印刷体的字距与行距

初学者往往会忽略文字的间距与行距。文字排列紧密会使阅读加速，反之会减缓阅读速度但阅读者更舒适，同时还必须看到排列文字时，字符如同点串连成线，由线排列成面，由此形成一定的构成关系是塑造形式感的重要手段。因此把握文字的间距、行距既是阅读的需要，也是形式美感的需要。

 实战演练

根据所提供的素材，制作文字效果，完成如图 6-1-34 所示的效果。

图 6-1-34　公众号推文长图效果

提示

（1）绘制圆角矩形，填充颜色并复制一份，调整颜色形成立体效果，输入标题文字。

（2）利用形状工具绘制矩形，进行描边，形成文本框。

（3）在文本框内完成段落文字的制作。

（4）保存文件，完成制作。

任务 2　变体文字的制作

 学习目标

- 变体美术字的概念
- 变体美术字的制作

准备知识

1. 变体美术字定义

变体美术字就是字体设计，是通过文字的外形、结构、笔画进行变化、加工、装饰所形成的字形效果。特点是新颖别致、生动活泼、丰富多彩。笔画变化要简洁明朗、生动活泼、连贯一致，效果如图 6-2-1 所示。

图 6-2-1　图形创意字体效果

2. 变体美术字变化的方法

以装饰的手法表现美术字的绚丽多彩，富于诗情画意，是变体中运用最广泛的一种，包括本体变化、背景装饰、连接、折带、重叠等方式，效果如图 6-2-2 所示。

图 6-2-2　变体美术字变化效果

（1）笔画变化

改变笔画的粗细求得变化，或者改变笔画的形状求得变化。笔画的形状变化大致有尖、圆、方和曲线等几种。

（2）字形变化

这是改变字体的外形，可以将字写成长、扁、圆、梯形、菱形等。一般避免圆形、菱形及三角形，按照规律可以以多种形式来改变字体外形，如放射形、波浪形等。

（3）结构变化

有意识地将某些笔画进行夸大、缩小、移位来求得新颖的效果。使构图更紧凑字形更别致，有时为了美观可以适当地增减字的笔画。

（4）象形

根据某些事物的实际形象来装饰相对应的字体。可以根据字句的内在含义，使其形象化，笔画象形，引人注目，它既是文字，也是图画，因此，它比其他字形更具象征性。

（5）立体

利用透视画出字的三维空间感。

（6）阴影

美术字是阴和影两种表现形式的总称。平面美术字的部分受透明物体的遮盖所产生的半明半暗的效果称为阴；字的本身受光线的投射所产生的字影或倒影的效果称为影，其艺术效果别具一格。

3．变形文字的制作

（1）变形文字

单击"文字工具"选项栏上的┴按钮，弹出"变形文字"对话框，如图6-2-3所示。

"变形文字"对话框包括样式、水平、垂直、弯曲、水平扭曲和垂直扭曲等选项，通过设置"变形文字"对话框中的变形样式及相应的参数，令文字产生不同的变形，达到不同的变形效果，如图6-2-4所示。

图6-2-3　"变形文字"对话框　　　　　图6-2-4　各种样式的变形效果

选择文字工具后，若当前层为文字图层，"文字工具"选项栏上的"变形文字"按钮就会处于激活状态。变形工具还可以对段落文字进行变形，效果如图 6-2-5 所示。

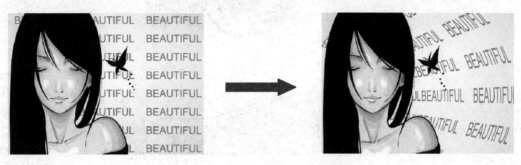

图 6-2-5　段落文字变形效果

注意：变形功能对整个文字图层同时起作用，不能对图层中的某些文字单独设置。如果要制作多种变形文字混合的效果，则可以将文字设置成不同的文字图层，然后分别设定变形。

（2）自由变换

文字与图像一样能够进行各种变换操作。变换文字时，首先要在图层控制调板中选中需要变换文字的图层；然后执行"编辑→变换"命令或按【Ctrl+T】组合键调出变形控制框，通过拖动变形控制框的控制点，对文字进行变形操作，效果如图 6-2-6 所示。

图 6-2-6　文字变形效果

"编辑→变换"中的"扭曲""透视""变形"功能不适用于文字图层，要使用这些功能，可以先栅格化文字，只有将文字图层转化为普通图层才能操作。

 任务描述

在广告和宣传画等作品中常能看到文字，对文字进行适当变形后即可制作出图案风格的作品。在 Photoshop 中利用"变形文字"功能及通过文字轮廓的编辑及修饰，即可制作一个具有独特风格的文字作品。本任务是完成如图 6-2-7 所示文字的制作。

图 6-2-7　美术字效果

 任务实现

（1）新建一个大小为 600 像素×400 像素，分辨率为 72 像素/英寸，RGB 模式、透明背景的文件。

（2）利用横排文字工具 T ，设置字体为"黑体"，字体大小为"120 点"，输入文字"蝴蝶"，然后按住【Ctrl】键，单击"图层"调板中的"蝴蝶"文字层，弹出文字选区，效果如图 6-2-8 所示。

（3）选择"路径"调板，单击"将选区转换为路径"按钮，并且将"蝴蝶"文字层隐藏，生成文字路径，效果如图 6-2-9 所示。

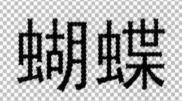

图 6-2-8　生成文字选区效果

图 6-2-9　生成文字路径效果

（4）选择路径选择工具，执行"编辑→变换→斜切"命令，将文字路径调整成倾斜状，效果如图 6-2-10 所示。

图 6-2-10　将文字路径倾斜效果

（5）取消路径的选择，选择钢笔工具，按住【Ctrl】键，单击"蝴"字的"虫"字旁，松开【Ctrl】键，单击不需要的锚点，将此锚点删除，效果如图 6-2-11 所示。

（6）再分别按住【Ctrl】键、【Alt】键，对路径进行编辑、修改，"虫"字旁调整路径后的效果如图 6-2-12 所示。

图 6-2-11　删除锚点后的效果　　　　图 6-2-12　调整路径后的效果

（7）依次调整文字的各个部分，效果如图 6-2-13 所示。

（8）利用钢笔工具绘制路径进行装饰，增补在字形路径中，效果如图 6-2-14 所示。

图 6-2-13　调整文字的各个部分路径效果　　　图 6-2-14　增补装饰路径效果

（9）将背景颜色填充为黑色，并新建一个图层，再将文字路径转换为选区，填充任意一种颜色。

填充颜色只为下一步做准备，该图层只起到过渡作用。

（10）打开素材"6-2-1.psd""6-2-2b.psd"文件，选择花纹图案，移动到"蝴蝶"图像中，并擦除不需要的部分，然后进行调整，效果如图 6-2-15 所示。

（11）在"图层"调板中除背景层外，将其他图层全部选中，然后按【Ctrl+Alt+E】组合键，生成盖印图层。

（12）按住【Ctrl】键，单击"盖印"图层，生成选区，效果如图 6-2-16 所示。

图 6-2-15　添加花纹效果　　　　图 6-2-16　生成选区效果

（13）新建图层，为选区填充颜色，效果如图 6-2-17 所示。

图 6-2-17　填充颜色后的效果

（14）打开素材"6-2-3.jpg"文件，将制作好的"蝴蝶"艺术字拖到背景文件中，调整好位置及大小，效果如图 6-2-18 所示。

（15）对艺术字图层设置图层样式，参数设置如图 6-2-19、图 6-2-20 所示，效果如图 6-2-21 所示。

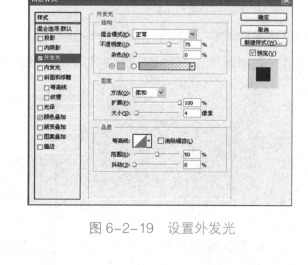

图 6-2-18　添加艺术字效果

图 6-2-19　设置外发光

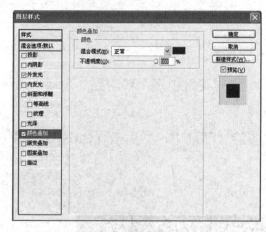

图 6-2-20　设置颜色叠加

图 6-2-21　添加图层样式后的效果

（16）选择文字工具，设置字体为"Arial"，字体大小为"30 点"，颜色为"黑色"。输入"Butterfly of spring…"单击属性栏上的"变形"按钮，弹出"变形文字"对话框，如图 6-2-22 所示。设置"样式"为"旗帜"，"弯曲"为"-60%"，"水平扭曲"为"-34%"。最终效果如图 6-2-23 所示。

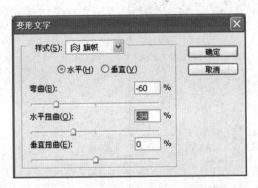

图 6-2-22 "变形文字"对话框   图 6-2-23 最终效果

 任务回顾

　　制作变形文字，在 Photoshop 中主要有两种方法。其一是将文字转换为形状、路径或图像，通过对形状、路径或图像的编辑，从而达到制作艺术化文字的效果；其二是利用 Photoshop 中的"变形"命令来达到所需要的文字样式效果。

　　利用填充、滤镜、图层样式或混合模式的结合，可以获取所需要的特效字的质感。例如，在滤镜中通过分层云彩、云彩等得到所需要的不规则纹路；通过图层样式中的等高线得到不同的光泽，不同光泽代表不同的材质，如金属、塑料、晶体、气泡等。

　　1. 图案文字

　　使用现有的图案填充到文字中，结合图层样式可以制作出艺术感很强的文字效果。具体操作如下。

　　（1）输入文字，效果如图 6-2-24 所示。

　　（2）将图案素材拖到文件中，并执行"图层→创建剪贴蒙版"命令，将图案填充到文字中，此时，可以选择图案层进行移动、缩放等调整，效果如图 6-2-25 所示。

图 6-2-24 输入文字效果   图 6-2-25 建立图层剪贴蒙版效果

　　（3）选择文字层，并执行"图层→图层样式"命令，弹出"图层样式"对话框，如图 6-2-26 所示，在对话框中选择"外发光"选项卡。

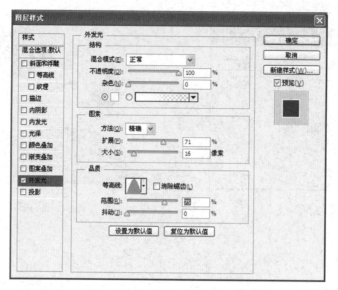

图 6-2-26　"图层样式"对话框

（4）设置图层样式各参数：混合模式为"正常"，不透明度为"100%"，颜色为白色，方法为"精确"，扩展为"71%"，大小为"16 像素"，等高线为锥形，范围为"75%"。单击  按钮。最终效果如图 6-2-27 所示。

图 6-2-27　最终效果

2. 质感文字

仅利用 Photoshop 自带的图层样式也可以制作具体质感的文字。具体操作如下。

（1）输入文字，选择"样式"调板，并添加"Web 按钮"样式，如图 6-2-28 所示。

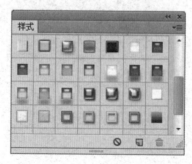

图 6-2-28　"样式"调板

（2）选择"黄色凝胶"样式，文字变成凝胶效果，如图 6-2-29 所示。

图 6-2-29　凝胶文字效果

（3）将文字层复制多个副本，将副本栅格化，形成普通层，如图 6-2-30 所示。

图 6-2-30　栅格化文字层

（4）选取已经栅格化的文字副本层，单击样式中的"光面铬黄"样式按钮，生成如图 6-2-31 所示的效果。

（5）选择橡皮擦工具，在副本层涂抹，形成金属腐蚀效果，如图 6-2-32 所示。

图 6-2-31　添加"光面铬黄"图层样式效果　　　　图 6-2-32　金属腐蚀效果

3．特效字的制作

通过滤镜可以创建许多风格各异的文字特效。除滤镜外，还可以灵活使用通道技术、计算、调整等命令，结合图层样式，创建不同质感的特殊文字效果。使文字具有强烈的冲击力。下面以水晶字为例进行说明。

（1）切换到通道面板，创建一个新通道"Alpha 1"，利用横排文字工具，设置"字体"为"黑体"，"字体大小"为"150 点"，输入"水晶"两个字，取消选区。

（2）执行"滤镜→模糊→高斯模糊"命令，弹出"高斯模糊"对话框，设置模糊半径为"8 像素"，如图 6-2-33 所示，将文字进行模糊处理，效果如图 6-2-34 所示。

图 6-2-33　"高斯模糊"对话框　　　　图 6-2-34　高斯模糊效果

（3）复制通道"Alpha 1"，并保存通道"Alpha 1 副本"，切换到通道"Alpha 1 副本"，执行"滤镜→其他→位移"命令，弹出"位移"对话框，设置"水平"和"垂直"为"2"，选择"设置为背景"单选按钮，如图 6-2-35 所示。

（4）执行"图像→计算"命令，弹出"计算"对话框，设置"源 1 通道"为"Alpha 1"，"源 2 通道"为"Alpha 1 副本"，"混合"模式为"差值"，如图 6-2-36 所示。单击"确定"按钮，生成"Alpha 2"通道，效果如图 6-2-37 所示。

图 6-2-35　"位移"对话框

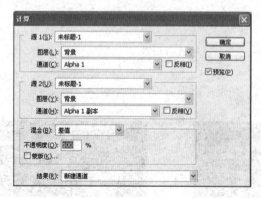

图 6-2-36　"计算"对话框　　　　图 6-2-37　生成"Alpha2 通道"的效果

（5）在"Alpha 2"通道执行"图像→调整→自动色阶"命令，效果如图 6-2-38 所示，再执行"图像→调整→曲线"命令调整曲线，得到如图 6-2-39 所示的效果。

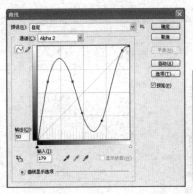

图 6-2-38　执行"自动色阶"命令后的效果　　　　图 6-2-39　调整"曲线"参数及效果

　　（6）执行"图像→计算"命令，弹出"计算"对话框，设置"源 1 通道"为"Alpha 1"，"源 2 通道"为"Alpha 2"，"混合"模式为"强光"，如图 6-2-40 所示。单击"确定"按钮，效果如图 6-2-41 所示。

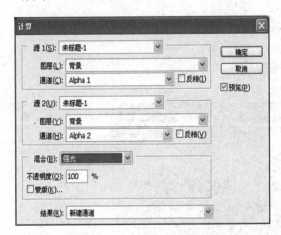
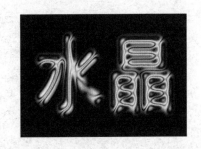

图 6-2-40　"计算"对话框　　　　　　图 6-2-41　执行"计算"命令后的效果

　　（7）按住【Ctrl】键，单击"Alpha 3"通道，生成选区。再单击"RBG"通道，切换到"图层"面板，此时效果如图 6-2-42 所示。

　　（8）新建图层，选择渐变工具，设置渐变为"色谱"，以线性渐变填充，效果如图 6-2-43 所示。

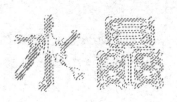
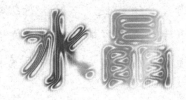

图 6-2-42　生成选区效果　　　　　　图 6-2-43　填充渐变色效果

　　（9）执行"图层→图层样式"命令，在"图层样式"对话框中设置"投影"参数，最终效果如图 6-2-44 所示。

（10）保存文件，完成操作。

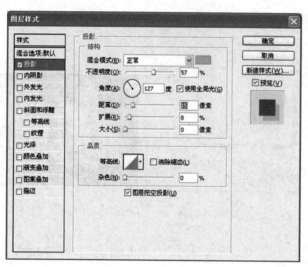

图 6-2-44　最终效果

 实战演练

根据所提供的素材制作完成如图 6-2-45 所示的效果。

图 6-2-45　制作效果

 提示

① 打开素材 "s6-2.jpg" 文件，将 "缤纷夏日" 四个字分别输入，生成不同的文字层。

② 依次将每个字转换成路径进行编辑修饰。

③ 将每个字的路径复制到同一个工作路径中，然后生成选区，进行颜色填充。

④ 对已经填色的图像文字进行图层样式设置，包括 "外发光" 与 "渐变叠加" 效果，形成最终效果。

⑤ 保存文件。

任务 3　路径文字的制作

学习目标

➢ 路径文字的概念
➢ 路径文字的制作

准备知识

1. 基于文字创建路径

通过将文字转换为工作路径，可以将这些文字用作矢量形状。从文字图层创建工作路径之后，可以像处理其他路径一样对该路径进行处理与存储。

2. 创建路径文字

路径文字在制作时有两种，一种是沿路径排列的文字，如图 6-3-1 所示；另一种是由路径制作的闭合区域内的文字，该种文字也称为区域文字，如图 6-3-2 所示。

图 6-3-1　沿路径排列的文字效果　　　　图 6-3-2　区域文字效果

在制作路径文字时，必须先绘制路径，再输入文字。需要什么形状的路径文字或什么区域文字，都可以通过调整路径来调整文字形状。

任务描述

路径具有可随意造型的特点，绘制不同形状的路径后输入文字，文字会沿着路径的形状进行排列，使文字排列更富趣味。本任务完成如图 6-3-3 所示的图像效果。

图 6-3-3　路径文字效果

任务实现

（1）新建一个文件，设置文件大小为"10厘米×10厘米"，分辨率为"100像素/英寸"，背景为白色。

（2）利用钢笔工具选择"路径"模式，在图像中绘制一个猫的形象，如图6-3-4所示。

（3）选择横排文字工具，单击"猫"形路径，设置字体为"Arial"，字体大小为"8点"，重复输入"CAT"，直到文字绕路径一圈，效果如图6-3-5所示。

图 6-3-4　绘制"猫"形路径　　　图 6-3-5　沿路径填充文字效果

（4）利用钢笔工具，绘制出猫的尾巴效果，如图6-3-6所示。

（5）选择横排文字工具，单击猫的尾巴路径，设置字体为"Cooper Std"，字体大小为"12点"，重复输入"CAT"，直到文字沿路径排列满，并将尾部的字体设置大一些，效果如图6-3-7所示。

图 6-3-6　绘制猫的尾巴路径　　　图 6-3-7　沿尾巴输入文字效果

（6）利用钢笔工具绘制出"蝴蝶结"路径，如图6-3-8所示。

（7）为蝴蝶结输入文字，效果如图6-3-9所示。

图 6-3-8 绘制蝴蝶结路径　　　图 6-3-9 蝴蝶结文字效果

（8）在颈部输入文字，设置字体为"Cooper Std"，字体大小为"24 点"，将文字栅格化。然后执行"编辑→变形"命令，将文字调整适合颈部曲线。颈圈效果如图 6-3-10 所示。

图 6-3-10 颈圈效果

（9）设置背景填充颜色为"R：255，G：238，B：189"。

（10）隐藏背景层，并按【Ctrl+Alt+Shift+E】组合键，生成盖印图层，然后关闭其他图层显示，只显示背景层及盖印层。

（11）为盖印层设置"投影"效果，如图 6-3-11 所示。

（12）保存文件，文件命名为"6-3 效果.psd"。

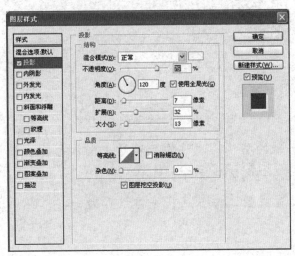 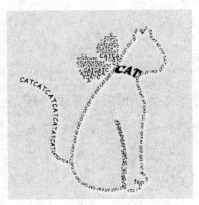

图 6-3-11 设置"投影"效果

 任务回顾

路径在 Photoshop 制作图像中占有重要的地位，使用路径可以得到更准确的光滑线条。

通过调整路径的锚点，可以改变路径的形状，路径文字也将随路径形状的改变而改变，使文字效果更适应设计需要。

文字设置好后，还需要修改，可以按以下几方法进行调整。

1. 修改文字属性

通过调整"文字工具"选项栏上的各选项，可调整文字的字体、大小、颜色等。

2. 修改路径形状

选择路径文字图层，利用钢笔工具、路径编辑工具等，可对路径的形状进行调整，在调整的过程中相关的文字也随着调整。

3. 修改文字在路径上的位置

利用路径选择工具，将光标移至文字上，沿着路径方向拖动文字可修改文字在路径上的位置。在拖移过程中，还可以将文字拖动至路径内侧或外侧。

 实战演练

最终完成如图 6-3-12 所示的效果。

图 6-3-12　最终效果

提示

① 新建文件，利用钢笔工具绘制出鞋的路径。此时为绘制两个封闭路径，鞋帮及鞋面。

② 分别在两个封闭路径中输入文字，完成区域文字的制作。

③ 在两个区域文字中输入文字，设置成粗体，并且将字体设置大一些，再利用"变形"命令，使文字贴合在鞋上。

④ 为鞋头添加路径文字效果。

⑤ 绘制腿形路径，再沿路径输入文字。

⑥ 新建一个图层，利用画笔绘制阴影效果，保存文件，完成制作。

项目小结

本项目主要对文字在图像制作中的应用做了详细的讲解。在使用文字进行平面设计时，要掌握不同字体的形态特征和表达功能，设计时要注意大小、色彩和风格上的和谐统一，使其具有视觉上的整体感。

那么，要创造一个良好的版面效果，必须注意以下几点。

●在视觉效果上必须具有吸引力，只有具备较高的注目价值，观众才能主动地阅读。

●版面表现内容的安排应该有主有次，突出重点，层次分明，有轻重缓急之分。这样观众能循序渐进地观看，并能很快把握住版面的中心要点。

●版面的编排组合要简洁生动，变化有致，富有情趣，在视觉流程上有节奏性，能使观众在观看时有乐趣，不感到疲劳和厌倦。

另外，文字设计时还要注意以下几点。

●书法文字设计：其独特的艺术造型和别具一格的笔画组合，表现主题的风格，并给人以非同一般的视觉感受。

●美术字体的设计：根据主题和创意表现的特定要求所进行的具有一个图形性的字体设计，它不仅要求有很好的传达力度，还要有很高的审美价值。在平面设计中，广告标题、产品名及企业名等常采用这种文字设计。

●商标文字的设计：一般也称合成文字设计，它是指组合两个以上的文字，用以构成商标和标志符号，或者把文字变成一种装饰图形。

●标题文字设计：标题文字是平面主题表达的重点，是版面中需要突出的部分，应使其具有强烈的视觉冲击力，能吸引读者的注意。

项目 7

综合实例

掌握了基础图像处理的基础知识后，最终是要能够将所掌握的知识结合起来，应用到设计及创作中。本项目通过一个个完成的任务对所学的知识进行实际应用，包括文具包装、宣传广告及软件界面的制作。读者通过学习各任务的完成过程，掌握各项制作的要点，能够在实际应用中举一反三。

任务 1 文具的设计及制作

 准备知识

现代人一天有 1/3 的时间在办公室里度过，不可避免与办公用品打交道。办公相关用品的设计如果能重视人们的生理、心理需要，为人们每天千篇一律、乏味繁重的办公生活带来一丝活力，则为一成功的设计。

任务描述

本任务为"2023 广州文创用品"设计的便笺本。

在便笺本设计中，采用了盛开的木棉花为造型，木棉花为广州市的市花，整个便笺本可以折叠成为一个正五边形，造型简洁，封面图案用五羊标志作为主题形象，并且以红色为便笺本的主色调，迎合了"红色之城，和谐广州"这一主题。

便笺本设计完成的效果如图 7-1-1 所示。

任务实现

在本例中，主要利用多边形工具、各种路径描绘和编辑工具，并结合变换命令和重复旋转复制操作来设计便笺本。

图 7-1-1 便笺本设计完成的效果

1. 便笺本平面展开图设计

（1）新建一个宽度为"29.7 厘米"，高度为"21 厘米"，分辨率为"300 像素/英寸"，颜色模式为"CMYK 颜色"，背景内容为"白色"的文件。

（2）执行"视图→新建参考线"命令，在画面的水平方向与垂直方向上各添加一条参考线。

（3）新建"图层 1"，命名为"五边形"，将前景色设置为"M：46，Y：91"，然后选取多边形工具，单击属性栏上的按钮，将属性栏上选项的参数设置为"5"，将光标移动到两条参考线的交点位置，按住鼠标左键并拖曳光标，按住【Shift】键，在图像窗口中绘制一个正五边形。

（4）按住【Ctrl】键，单击"图层"面板中"五边形"左侧的缩略图，为多边形添加选区。

（5）将背景色设置为"M：80，Y：94"，选取渐变填充工具，单击属性栏上的"线性渐变"按钮，为多边形填充如图 7-1-2 所示的渐变色。

（6）利用 ◊ 和 ▶ 工具，在多边形的一边绘制如图 7-1-3 所示的路径，并将路径存储为"花瓣半边"。

图 7-1-2　为多边形填充渐变色

图 7-1-3　绘制的路径

（7）按【Ctrl+Enter】组合键，将路径转换为选区，新建"花瓣半 1"，为花瓣半边填充如图 7-1-4 所示的红色"M：100，Y：100"。

（8）按【Ctrl+Alt+T】组合键，执行"编辑→变换→水平翻转"命令，"图层"面板自动生成"花瓣半 1 副本"图层，按住键盘的方向键向右移动到如图 7-1-5 所示的位置，按【Enter】键确认图形的操作。

图 7-1-4　填充红色

图 7-1-5　移动到合适的位置

（9）同时选择"花瓣半 1 副本"和"花瓣半 1"图层，按【Ctrl+E】组合键合并图层，新图层命名为"花瓣"。

（10）按【Ctrl+O】组合键，打开"7-1-1.psd"文件，并将轮滑动态移动至图像窗口中，用移动复制图形的方法依次复制图形，效果如图 7-1-6 所示。

（11）按住【Ctrl】键，单击"图层"面板中"花瓣"左侧的缩略图，添加花瓣选区，单击"图层"面板底部的 ◻ 按钮，为"轮滑动态"图层添加图层蒙版。

（12）在"图层"面板中，将"轮滑动态"图层的"不透明度"设置为"35%"，制作出如图 7-1-7 所示的效果。

（13）同时选择"花瓣"和"轮滑动态"图层，按【Ctrl+E】组合键合并图层，新图层命名为"花瓣+轮滑动态"。

（14）按【Ctrl+Alt+T】组合键为图形添加自由变形框，然后调整旋转中心的位置，将图形旋转至如图 7-1-8 所示的位置，按【Enter】键确认操作。

（15）按住【Ctrl】键，单击"图层"面板中"花瓣+轮滑动态副本"左侧的缩略图，添加选区，连续 3 次复制并旋转图形，效果如图 7-1-9 所示。

图 7-1-6　复制图形效果

图 7-1-7　添加蒙版效果

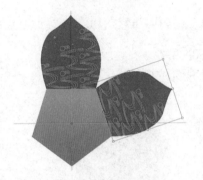

图 7-1-8　图形旋转

图 7-1-9　复制并旋转图形

（16）复制"五边形"图层为"五边形副本"图层，然后按【Ctrl+T】组合键，为复制出的图形添加自由变形框，按住【Shift+Alt】组合键，将图形以中心等比例缩小，按【Enter】键确认图形的缩小变形操作。双击当前图层，为图形添加投影效果，如图 7-1-10 所示。

（17）利用文字工具 T 在画面中输入文字"印象广州 Impression of Guangzhou"，将文字转换为普通图层，并复制旋转，效果如图 7-1-11 所示。

图 7-1-10　为图形添加投影效果

图 7-1-11　复制旋转文字

（18）按【Ctrl+O】组合键，打开"7-1-2.psd"文件，将五羊标志移动至图像窗口中，并将其调整裁切至如图 7-1-12 所示的大小。

（19）在"图层"面板中，将除"背景"层外的所有图层全部选中，然后执行"图层→新建→从图层建立组"命令，在弹出的"从图层建立组"对话框中，将名称设置为"平面展开图"，最后单击"确定"按钮。

图 7-1-12　完成便笺本平面展开图的设计

（20）至此，便笺本平面展开图的设计及制作完成了。按【Ctrl+S】组合键，将此文件命名为"便笺本的设计及制作.psd"保存。

2．便笺本折叠后的效果

（1）复制五边形及花瓣图层，填充为深红色（C：20，M：100，Y：100），并为"花瓣副本"层添加投影效果，调整至如图 7-1-13 所示的位置。

（2）利用文字工具 T.在画面中输入如图 7-1-14 所示的文字。

图 7-1-13　复制五边形及花瓣层　　　　图 7-1-14　输入文字

（3）复制"五羊标志"图层，填充为白色，并移动到图 7-1-15 所示的位置。

（4）按住【Ctrl】键，单击"图层"面板中"花瓣副本"左侧的缩略图，添加选区，单击"图层"面板底部的◙按钮，为"五羊标志"图层添加图层蒙版，效果如图 7-1-16 所示。

图 7-1-15　复制移动标志　　　　图 7-1-16　添加图层蒙版效果

（5）将正面折叠图所在的图层全部选中并组成为"正面折叠图"组，完成正面折叠图的绘制。

（6）按【Ctrl+S】组合键，将此文件保存。

3．制作便笺本立体效果

下面利用"自由变换"命令将便笺本平面展开图制作成立体效果图。

（1）执行"图层→新建→组"命令，在弹出的"从图层建立组"对话框中，将名称设置为"立体图"，然后单击"确定"按钮。

（2）打开"平面展开图"组，新建"图层1"，然后按【Ctrl+Alt+Shift+E】组合键盖印图层，如图7-1-17所示，并将图层移动至"立体图"组内。

（3）执行"编辑→变换→扭曲"命令，为平面展开图添加扭曲变换框，然后依次调整变换框的各个控制点，将平面展开图调整至如图7-1-18所示的透视形态，再按【Enter】键确认图形的扭曲变换操作。

图7-1-17 将移动图层效果

图7-1-18 平面展开图调整后的形态

（4）复制"图层1"为"图层1副本"，填充为深红色（M：100，Y：100，K：70），并隐藏"图层1"。

（5）选择"图层1副本"，按住【Ctrl】键，单击"图层"面板中"图层1副本"左侧的缩略图，添加选区，按住【Alt】键，然后再按方向键的向上键及向右键移动复制图层，按住【Ctrl+M】组合键，调整曲线参数，如图7-1-19所示。

（6）用步骤（4）相同的方法，继续移动复制"图层1副本"，增加图形的厚度。复制及调整后的明暗效果如图7-1-20所示。

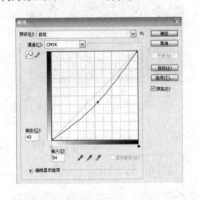

图7-1-19 "曲线"对话框

图7-1-20 复制及调整后的明暗效果

（7）为"图层1副本"添加投影效果，然后打开"图层1"，移动至适当位置，效果如图7-1-21所示。

（8）选择"图层1"，利用 工具，在多边形上绘制如图7-1-22所示的路径，并将该路径存储为"多边形"。

图 7-1-21　添加投影效果

图 7-1-22　绘制路径

（9）按【Ctrl+Enter】组合键，将多边形路径转换为选区，然后按住【Ctrl+J】组合键，复制多边形，命名为"图层2"。

（10）复制"多边形"路径为"多边形副本"路径，按住【Ctrl+T】组合键，将该路径调整至如图 7-1-23 所示的位置，按【Enter】键确认图形的变换操作。

（11）将"多边形副本"路径转换为选区，确认当前"图层1"为工作状态，按住【Ctrl+M】组合键，调整至如图 7-1-24 所示的效果。

图 7-1-23　调整"多边形副本"路径

图 7-1-24　调整后的明暗效果

（12）移动"图层2"至如图 7-1-25 所示的位置。

（13）确认当前"图层1"为工作状态，将多边形填充为浅黄色（M：5，Y：20），效果如图 7-1-26 所示。

图 7-1-25　移动图层

图 7-1-26　填充多边形为浅黄色

（14）利用 工具，在两个多边形之间绘制如图 7-1-27 所示的路径，新建图层并填充浅黄色（M：5，Y：20），效果如图 7-1-28 所示，合并"图层1"和"图层3"。

图 7-1-27　绘制路径

图 7-1-28　填充浅黄色

（15）选择画笔工具，打开画笔设置面板，选择"1"像素笔刷，并将间距拉大，设置的参数如图 7-1-29 所示。

（16）新建"图层 4"，做一个长方形选区，前景颜色设置为黑色。选择画笔工具，按住【Shift】键，在长方形选框上从上到下拖出一条虚线，如图 7-1-30 所示。

（17）按【Ctrl+T】组合键，对虚线进行自由变化，水平拉宽，效果如图 7-1-31 所示。

（18）按【Ctrl+T】组合键，结合【Alt】键，将虚线图层自由变换到合适的方向和位置，效果如图 7-1-32 所示。

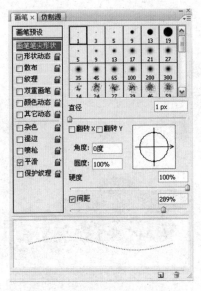

图 7-1-29　画笔选项参数

图 7-1-30　从上到下拖出一条虚线

图 7-1-31　对虚线进行水平拉宽

图 7-1-32　自由变换后效果

（19）复制虚线图层，执行"编辑→变换→水平翻转"命令，并自由变换到合适的方向和位置，效果如图 7-1-33 所示，然后调整图层"不透明度"为"20%"，此时便笺本的立体效果基本制作完成，效果如图 7-1-34 所示。

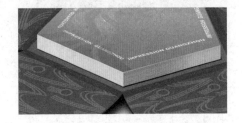

图 7-1-33　复制虚线图层调整后形态　　　　图 7-1-34　便笺本的立体效果

（20）根据光照所产生明暗度的不同，对便笺本进行相应的明暗调整。新建"图层 5"，选择"图层 1"选区，拖动鼠标从右到左填充由黑到透明的线性渐变，并调整图层"不透明度"为"60%"，效果如图 7-1-35 所示。

图 7-1-35　便笺本调整明暗后的效果

4．版面编排

（1）新建图层，填充如图 7-1-36 所示的渐变色。

（2）将平面展开图、立体图及正面折叠图复制移动至如图 7-1-37 所示的位置，并调整大小。

图 7-1-36　填充渐变色后的效果　　　　图 7-1-37　图形放置的位置

（3）选择▢工具，在画面中绘制矩形选区，并填充深红色（C：30，M：100，Y：100，K：57），填充效果如图 7-1-38 所示。

（4）利用文字工具 T.在画面中输入文字"2023 广州文创用品——便笺本设计"，如图 7-1-39 所示。

图 7-1-38　填充矩形选区　　　　　　图 7-1-39　输入文字内容

（5）按【Ctrl+O】组合键，打开"7-1-3.psd"文件，并将"GuangZhou2023"文字内容移动至图像窗口的右上角，并将其调整至如图 7-1-40 所示的大小，调整图层"不透明度"为"60%"。至此，完成便笺本的设计及制作。

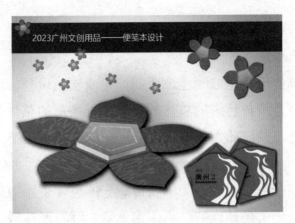

图 7-1-40　便笺本的设计与制作效果

 任务回顾

1. 色彩在广告设计中的作用

色彩是能够感知物体存在最基本的视觉因素。当人们观察一个物体时，首先映入眼帘的是物体表面的色彩，鲜明的色彩能引起视觉器官的高度兴奋，吸引人们的注意力，从而增强广告的识别性和真实感。色彩对读者的影响是最为直接的。设计时要考虑到读者最初瞬间的色彩感觉，牢牢地捕捉住读者的眼光，以达到引起关注的目的，使设计中的图形、字体与空间关系等与色彩一起成为视觉化、形象化的语言，从而更加有效地帮助人们识别形象、理解内容、了解产品并迅速传达信息。

2. 色彩的心理作用在广告设计中的运用

色彩的心理作用是指色彩作用于人的情感所产生的心理感受与综合性生理感觉作用。它影响着人们的记忆、感知、联想和情感，刺激着味觉、嗅觉与听觉，在设计中具有不可忽视的作用。

（1）色彩的直接心理效应

色彩的直接心理效应是由色彩本身的属性即色相、明度、纯度等感官影响造成的心理感受。例如，纯度很高的红、橙、黄色令人兴奋，蓝色、绿色让人沉静。但是，随着这些颜色纯度的不断降低，这种感觉会慢慢减弱。

（2）色彩的间接性心理效应

色彩的间接性心理效应是由色彩的直观感觉反映到大脑所产生的联觉作用。在设计中，常常利用色彩间接心理效应来传达广告信息，例如，用橙红、橙黄来反映橙汁、橘汁的甜美，用咖啡的主调来设计巧克力的包装，用红色来塑造喜庆、热烈的节日气氛。

各种色彩都有其特定的含义，包含一定的象征意义。色彩的刺激会造成情感作用，这些情感往往同观念、情绪、想象与意境相互关联，形成一种特定的知觉。这种带有普遍性的心理感受正是设计者在设计中常用的。

3. 广告色彩的配色规律

（1）*广告色彩的整体效果*

一幅广告的色彩，倾向于冷色或暖色，明朗鲜艳或素雅质朴，这些色彩倾向所形成的不同色调给人们的印象，就是广告色彩的总体效果。广告色彩的整体效果取决于广告主题的需要及消费者对色彩的喜好，并以此为依据来决定色彩的选择与搭配。

（2）*主色调的确定*

广告的色调一般由多个色彩组成。为了获得统一的整体色彩效果，要根据广告主题和视觉传达要求，选择一种处于主角地位的色彩作为主色，并以此构成画面的整体色彩倾向。其他色彩围绕主色变化，形成以主色为代表的统一的色彩风格。

① 食品类商品：常用鲜明、丰富的色调。红色、黄色和橙色可以强调食品的美味与营养；绿色强调蔬菜、水果等食材的新鲜；蓝色、白色强调食品的卫生或说明冷冻食品；沉着、朴素的色调说明酒类食品的酿制历史悠久。

② 药品类商品：常用单纯的冷色调或暖色调。冷灰色适用于消炎、退热、镇痛类药品；暖色用于滋补、保健、营养、兴奋和强心类药品；大面积的黑色表示有毒药品；大面积的红、黑色并用，表示剧毒药品。

③ 化妆品类商品：常用柔和、脂粉的中性色彩。如具有各种色彩倾向的红灰、黄灰、绿灰等色，表现女性高贵、温柔的性格特点，而男性化妆品则较多用单纯的纯色体现男性的庄重与大方。

④ 五金、机械、仪器类商品：常用黑色或单纯、沉着的蓝色、红色等，表现五金、机械产品的坚实、精密或耐用的特点。

⑤ 儿童用品：常用鲜艳的纯色和色相对比、冷暖对比强烈的各种色彩，以适应儿童天真、活泼的心理和爱好。

（3）*主体色与背景色的关系*

广告画面中既然有商品主题形象的主体色，就必须有衬托主体色的背景色。主体与背景所形成的关系，是平面广告设计中主要的对比关系。为了突出主体，广告画面背景色通常比较统一，多用柔和、相近的色彩或中间色突出主体色，也可用统一的暗色调突出较为明亮的主体色，背景色彩明度的高低，视主体色明度而定。一般情况下，主体色彩都比背景色彩更为强烈、明亮、鲜艳。这样既能突出主题形象，又能拉开主体与背景的色彩距离，形成醒目的视觉效果。

 实战演练

参考本范例的制作，请读者设计笔记本，效果如图 7-1-41 所示。

主要操作步骤如下。

（1）打开素材"s7-1-1 实训.psd"文件，如图 7-1-42 所示。

（2）新建文件后，利用矩形选框工具 绘制出笔记本的封面，利用移动工具将七巧板拼成一个问号，引入到封面的适当位置，输入文字，完成封面的制作，如图 7-1-43 所示。

图 7-1-41　笔记本效果　　　　图 7-1-42　七巧板图形　　　　图 7-1-43　封面

（3）将笔记本封面自由变换、扭曲、旋转，按照任务 1 中移动复制的方法给封面添加厚度，并结合【Ctrl+M】组合键调整封面及厚度的明暗，效果如图 7-1-44 所示。

（4）复制封面作为封底，然后移动到合适的位置，根据任务 1 中制作便笺本内页的方法，制作笔记本的内页，如图 7-1-45 所示。

图 7-1-44　封面添加厚度的效果　　　　图 7-1-45　制作笔记本的内页

（5）制作封面与封底之间的书脊，调整书脊的明暗，完成笔记本的立体效果制作，如图 7-1-46 所示。

（6）复制笔记本，按住【Ctrl+U】组合键，调整颜色，然后添加投影，效果如图 7-1-47 所示。

图 7-1-46　完成笔记本的立体效果制作　　　　图 7-1-47　调整颜色

（7）完成笔记本的版面编排。

（8）保存文件。

 任务 2　宣传海报的设计及制作

 准备知识

　　宣传海报创意，从某种角度来说，就是将原有的元素进行重新组合，演绎出一种新的含义。用简单的创意表达产品的诉求点和利益点，让消费者能直接地接受新产品的信息，是宣传海报的重要任务。消费者看一遍宣传海报就能记得产品名和产品功效，看二遍又能体会其唯美的意境，看三遍关注其内文，看四遍能引起购买冲动，这是宣传海报在一个理性消费者身上所能产生的效用。

 任务描述

　　本任务以"自然堂"美白化妆品的宣传海报设计为例，来介绍宣传海报的设计方法。本宣传海报用简单的元素组合，形成一个全新的创意概念，让人们在唯美单纯的画面表现中认识新产品，这就是本例宣传海报所要带给消费者的美妙感受。以绽放的粉红荷花为主要视觉画面，粉色花瓣象征健康的肤色，突出了此系列产品带来的白不是生硬的白，而是白里透红的健康自然的白，将产品利益点"盈白"直接呈现给消费者，自然的白，娇嫩的白，给消费者留下简单而又深刻的印象。

　　本例美白化妆品宣传海报的效果如图 7-2-1 所示。

图 7-2-1　美白化妆品宣传海报

 **任务实现**

　　本任务主要使用钢笔工具、转换点工具、加深工具、减淡工具和移动复制操作，来制作荷花、化妆品瓶子及背景效果。

1. 绘制荷花

（1）新建一个宽度为"21 厘米"，高度为"10 厘米"，分辨率为"300 像素/英寸"，颜色模式为"CMYK 颜色"，背景内容为"白色"的文件。

（2）利用钢笔工具和转换点工具，在图像窗口中绘制并调整出如图 7-2-2 所示的花瓣形状路径。

（3）新建一个图层，命名为"花瓣 1"。按【Ctrl+Enter】组合键，将路径转换为选区，填充粉红色"M：70，Y：10"，如图 7-2-3 所示。

（4）利用加深/减淡工具在花瓣的适当地方添加明暗调及处理花瓣的一些细节，使花瓣看上去有质感。将加深/减淡工具的曝光度调小一些，通过小曝光度，采用多次涂抹得到理想的效果，如图 7-2-4 所示。

（5）新建一个图层，命名为"花瓣 2"。利用钢笔工具勾绘出花瓣外轮廓并填充颜色，如图 7-2-5 所示。

图 7-2-2　花瓣形状路径

图 7-2-3　填充颜色

图 7-2-4　加深/减淡后效果

图 7-2-5　绘出花瓣外轮廓并填充颜色

（6）利用钢笔工具勾绘出花瓣内轮廓，建立选区。利用加深/减淡工具给花瓣添加明暗调及处理花瓣的一些细节，如图 7-2-6、图 7-2-7 所示。

（7）用与步骤（2）～（6）相同的方法，依次绘制并调整出其他花瓣的形状，效果如图 7-2-8 所示。

图 7-2-6　勾绘花瓣内轮廓

图 7-2-7　加深/减淡处理后的效果

图 7-2-8　绘制的荷花效果

（8）新建一个图层，命名为"莲蓬 1"。用椭圆工具拉出一个椭圆，填充颜色"Y：60"。不要取消选区，进行收缩 6 像素左右，填充颜色"Y：20"，完成莲蓬顶面的绘制。在"莲蓬 1"下新建一个图层，命名为"莲蓬 2"，用钢笔工具勾绘出莲蓬的下部，转换为选区并填充颜色。用小笔头的画笔在莲蓬上用绿色和淡黄色点上一些小点作为莲子，完成莲蓬制作效果如图 7-2-9 所示。

图 7-2-9　莲蓬制作效果

（9）用变形工具将莲蓬缩小放到花瓣的上面一个合适的位置，如图 7-2-10 所示。利用钢笔工具在莲蓬旁边随意勾出一些线条然后描边，再用椭圆画笔笔头制作黄色装点得到花蕊，如图 7-2-11 所示。

（10）荷花绘制完成了。将此文件保存，命名为"荷花.psd"。

图 7-2-10　莲蓬放置效果

图 7-2-11　花蕊效果

2．绘制化妆品瓶子。

（1）新建一个宽度为"21 厘米"，高度为"10 厘米"，分辨率为"300 像素/英寸"，颜色模式为"CMYK 颜色"，背景内容为"白色"的文件。

（2）利用钢笔工具和转换点工具，在图像窗口中绘制并调整出如图 7-2-12 所示的瓶盖部分，填充颜色"M：60、Y：10"。

（3）用加深/减淡工具修饰各个部分细节，效果如图 7-2-13 所示。

图 7-2-12　装饰各部分细节效果

图 7-2-13　绘制瓶盖部分

（4）利用钢笔工具和转换点工具，并结合加深/减淡工具在图像窗口中绘制及调整出如图 7-2-14 所示的瓶盖部分。

（5）继续使用钢笔工具和转换点工具，将瓶盖转换为选区，并运用高斯模糊滤镜，修饰瓶盖各个部分细节，描绘出塑料的反光效果。为了加强质感，最后整体加一些杂点，数量自定，效果如图 7-2-15 所示。

（6）使用相同方法完成瓶身的绘制，效果如图 7-2-16 所示。

（7）至此，化妆品瓶子绘制完成了。将此文件保存，命名为"化妆品瓶子.psd"。

图 7-2-14　绘制瓶盖部分　　　图 7-2-15　加强瓶盖质感效果　　　图 7-2-16　绘制化妆品瓶子效果

3．绘制标志

（1）新建一个宽度为"10 厘米"，高度为"8 厘米"，分辨率为"300 像素/英寸"，颜色模式为"CMYK 颜色"，背景内容为"白色"的文件。选取文字工具，依次输入文字"CHCEDO"和"自然堂"，如图 7-2-17 所示。

（2）将文字转化为路径，如图 7-2-18 所示。

CHCEDO
自然堂

CHCEDO
自然堂

图 7-2-17　输入文字 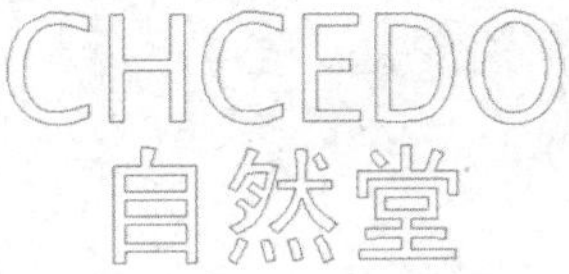　　　　　图 7-2-18　转化为路径

（3）将文字路径调整成如图 7-2-19 所示的效果。

（4）选取渐变填充工具，单击属性栏上的"径向渐变"按钮，在弹出的"渐变编辑器"对话框中设置渐变色，如图 7-2-20 所示。

（5）新建图层，将路径转化为选区，填充渐变色，效果如图 7-2-21 所示。

CHCÉDO
自然堂

图 7-2-19　调整路径　　　　　图 7-2-20　"渐变编辑器"对话框

CHCÉDO
自然堂

图 7-2-21　填充渐变色后的效果

（6）将此文件保存，命名为"自然堂标志.psd"。

4．设计美白化妆品宣传海报

（1）新建一个宽度为"21 厘米"，高度为"29 厘米"，分辨率为"300 像素/英寸"，颜色模式为"CMYK 颜色"，背景内容为"白色"的文件。

（2）新建"图层 1"，选取渐变填充工具，单击属性栏上的"径向渐变"按钮，在弹出的"渐变编辑器"对话框中设置渐变色。填充渐变色后的效果如图 7-2-22 所示。

（3）用加深/减淡工具修饰背景局部细节，效果如图 7-2-23 所示。

图 7-2-22　填充渐变色后的效果　　　　图 7-2-23　修饰背景局部细节后的效果

（4）选取画笔工具，按【F5】键调出"画笔"面板，设置各项参数，如图 7-2-24 所示。

（5）新建"图层 2"，并将前景色设置为白色，然后在画面中拖曳鼠标光标，绘制出如图 7-2-25 所示的白色图形。

（6）新建"图层 3"，按住【Shift】键拉一个正圆，按【Ctrl+Alt+D】组合键羽化后填充白色，收缩选区，删除羽化，效果如图 7-2-26 所示。

（7）新建"图层 4"，利用钢笔工具，勾出泡泡的高光部分，制作泡泡立体效果，如图 7-2-27 所示。

图 7-2-24　"画笔"面板参数设置

图 7-2-25　绘制白色图形　　　图 7-2-26　圆形效果　　　图 7-2-27　泡泡效果

（8）将"图层 3"和"图层 4"链接，并复制图层，然后调整至合适的大小，移动至如图 7-2-28 所示的位置。

（9）将"荷花.psd"文件打开，在"图层"面板中将"背景层"隐藏，然后按【Ctrl+Shift+E】组合键合并所有可见图层。将合并后的图层移动复制到新建文件中，并将其调整至合适的大小，放置到画面的右下角位置。

（10）将"化妆品瓶子.psd"文件打开，在"图层"面板中将"背景层"隐藏，然后按【Ctrl+Shift+E】组合键合并所有可见图层。将合并后的图层移动复制到新建文件中，并将其调整至合适的大小，放置到如图 7-2-29 所示的位置。

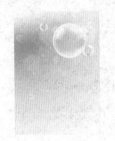

图 7-2-28　复制"泡泡"图层　　　　　图 7-2-29　调整荷花和化妆品瓶子

（11）按住【Ctrl】键，单击"荷花图层预览框"，选择"荷花"，执行"选择→修改→羽化"命令，在弹出的对话框中设置"羽化半径"为"60 像素"，然后单击"确定"按钮。

（12）执行"选择→反向"命令，将选区反选，按【Delete】键四次，效果如图 7-2-30 所示。

（13）设置画笔，在化妆品瓶子上装饰星光笔刷，效果如图 7-2-31 所示。

（14）将"自然堂标志"移动到文件中，并调整至合适的大小，放置到如图 7-2-32 所示的位置。

图 7-2-30　虚化荷花效果　　　　图 7-2-31　装饰星光笔刷　　　　图 7-2-32　放置"自然堂标志"

（15）将"自然堂标志"复制移动到化妆品瓶子上，按【Ctrl+T】组合键，为其添加自由变换框，然后按【Ctrl】键通过调整变换框 4 个角上的调节点，将文字调整至如图 7-2-33 所示的形状。

（16）单击属性栏上的"将自由变换框转化为变形框"按钮，将文字调整至如图 7-2-34 所示的形状。

（17）输入文字"natural white"，将文字层转换为普通层，利用步骤（14）相同的方法将文字调整至如图 7-2-35 所示的形状，完成化妆品瓶子上的文字设计。

图 7-2-33　将"自然堂标志"复制移动到化妆品瓶子上 　　图 7-2-34　自由变换框转化为变形框 　　图 7-2-35　化妆品瓶子上的文字设计

（18）将化妆品瓶子上的标志设置为当前层，执行"图层→图层样式→投影"命令，弹出"图层样式"对话框，设置如图 7-2-36 的投影效果参数，其效果如图 7-2-37 所示。

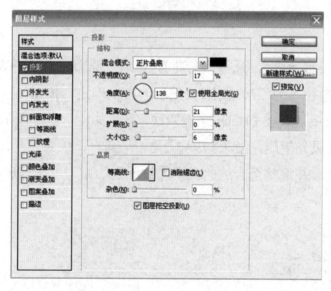

图 7-2-36　"图层样式"对话框

图 7-2-37　图层样式效果

（19）选取文字工具，选择颜色，在画面中依次输入如图 7-2-38 所示的文字。

（20）至此，美白化妆品宣传海报的设计与制作的初稿就完成了，如图 7-2-39 所示。

（21）调整画面构图，最终效果如图 7-2-40 所示。

图 7-2-38　输入文字　　　　　　图 7-2-39　美白化妆品宣传海报初稿

图 7-2-40　最终效果

 任务回顾

平面设计的版面编排是设计的重点之一，好的编排往往能达到较好的视觉效果。利用简单的文字和颜色，有时会创造出一些视觉上的特殊感受。编排设计在平面广告设计中占有重要位置，决定画面的整体风格和样式，给人最为直观的视觉感受。编排设计的内容是千变万化的，设计的方法也变化多端。编排设计的好坏是依据人的视觉感受来评判的，由于人的审美习惯有一定的相似性，因此编排设计可以归纳为以下几种形式。

（1）标题型：标题在版面的最上端，下面是插图，往下是正文、广告语、标志及公司名等，版面中主要突出标题的视觉感受，如图 7-2-41 所示。

（2）标准型：将图形处于版面的"最佳视域"位置，标题、文案及标志、公司名称等依次排列，达到先图后文的视觉流程，如图 7-2-42 所示。

（3）自由型：图形、文案等按照散点式自由排列，但视觉焦点分散的同时要保持版面整体的统一性和秩序感，避免整幅版面过于零散，如图 7-2-43 所示。

图 7-2-41　标题型　　　　　　图 7-2-42　标准型　　　　　　图 7-2-43　自由型

（4）指示型：用标题、图形指向版面主题内容形成版面焦点，版面整体的诉求言简意赅，如图 7-2-44 所示。

（5）偏心型：插图放在版面的左侧或右侧，标题及文案处于相反位置，如图 7-2-45 所示。根据图形与文字间的空间关系、插图的方向性来决定版面各元素的位置取向。

（6）文字型：以标题、文案的方式表现设计的主题，强化文字间的空间关系，对标题或标志进行图形化处理，如图 7-2-46 所示。

（7）字图型：将图形编排在文字之中或用置换的方式替代文字中的某些元素，将文字塑造出新意，如图 7-2-47 所示。

图 7-2-44　指示型　　　　图 7-2-45　偏心型　　　　图 7-2-46　文字型　　　　图 7-2-47　字图型

（8）图片型：版面以满版图形为主，文字叠加在图形之上，图与文之间产生对比，形成强烈的视觉效果，如图 7-2-48 所示。

（9）圆形：图形以圆形为主，居中放置，或者以分割成半圆形式出现在版面中，如图 7-2-49 所示。强调图形形式感，编排时需要恰当地处理各元素间的空间关系。

（10）S 形：图形、文字呈 S 形或反 S 形排列，如图 7-2-50 所示。这种版面形式给人以节奏优美的视觉感受。

（11）三角形：在图形形状中，以正三角形编排版面会产生视觉稳定感；以倒三角形、直角三角形、倾斜三角形编排会使版面视觉效果具有活泼的均衡感，如图 7-2-51 所示。

（12）轴线形：这种类型的编排设计形式可以是中轴、横轴或纵轴式。它是把图形与文案分别放置在假定轴线的两侧或单侧，如图 7-2-52 所示。

图 7-2-48　图片型

图 7-2-49　圆形

图 7-2-50　S 形

图 7-2-51　三角形

图 7-2-52　轴线型

（13）直立型：这种形式的版面编排具有安定感，人们的视觉流程是上下流动的。它是一种稳固的构成形式，如图 7-2-53 所示。

（14）水平型：采用这种形式的版面，会使人们的视觉流程左右流动，并能保持视觉区域的平衡感，如图 7-2-54 所示。

（15）斜线型：版面中的图形与标题呈倾斜的状态，造成画面的不稳定性，从而吸引人们对它的关注，如图 7-2-55 所示。

图 7-2-53　直立型

图 7-2-54　水平型

图 7-2-55　斜线型

（16）交叉型：水平、垂直的图文相互交叉式的构图。无论是上、下、左、右交叉，还是相互倾斜交叉，都会使版面产生均衡视觉感觉，如图 7-2-56 所示。

（17）重复型：将版面中某个图形元素作多次重复编排，如图 7-2-57 所示。这种版面编排形式具有强调主题、引人注目的特点。

图 7-2-56 交叉型

图 7-2-57 重复型

（18）重叠型：图形与图形的重叠，图形与文字的重叠，能够产生虚拟的三维空间，如图 7-2-58 所示。该种形式通过有意破坏图形的完整性，创造出图形的新意。

（19）组合型：版面是由大小不同的图形元素组织在一起的，如图 7-2-59 所示。它们可以等量并置或异量并置。同时需要注意的是版面的主次，避免出现杂乱的视觉效果。

（20）空白型：图形置于版面某个位置，四周留出大块白色区域，如图 7-2-60 所示。该编排形式的标题、文案排列得较为紧凑，是一种常用的版面编排形式。

图 7-2-58 重叠型

图 7-2-59 组合型

图 7-2-60 空白型

 实战演练

请读者选择合适的素材，或者自画图形，完成以"节能减排"为主题的环保公益广告设计，要求主题明确、构图及色彩运用合理、主体形象突出。文件大小：宽度为 21 厘米，高度为 29 厘米（可以横向或竖向，但不超出规定尺寸）。范例参考效果如图 7-2-61 所示。

主要操作步骤如下。

（1）新建一个宽度为"21 厘米"，高度为"29 厘米"，分辨率为"300 像素/英寸"，颜色模式为"CMYK 颜色"，背景内容为"白色"的文件。

（2）新建图层，输入文字"CITY"，修改文字的形状，填充渐变色。

（3）选择适当的画笔，为渐变色增加笔触效果。

（4）选择钢笔工具及执行"自由变换"命令，绘制刷子图形。

（5）输入广告语及广告标题，排版，完成制作。

图 7-2-61　"节能减排"环保公益广告设计

任务3　质感图标的制作

准备知识

标志是一种具有象征性的大众传播符号，它以精练的形象表达一定的含义，并借助人们的符号识别、联想等思维能力，传达特定的信息。标志传达信息的功能很强，在一定条件下，甚至超过语言文字，因此被广泛应用于现代社会的各个方面。

任务描述

制作质感图标时，高光效果是不可缺少的一环。本任务综合使用了画笔工具、钢笔工具、图层样式等功能，利用图层的特性，通过多层叠加来完成。质感图标效果如图 7-3-1 所示。

图 7-3-1　质感图标效果

任务实现

（1）打开 Photoshop，设置背景色为"#333236"。

（2）新建一个 570 像素×470 像素的文档，设置"分辨率"为"72 像素/英寸"，"背景内容"为"背景色"，如图 7-3-2 所示，单击"确定"按钮，生成文档效果如图 7-3-3 所示。

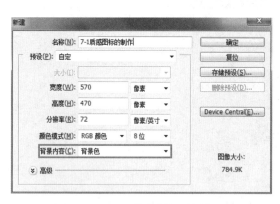

图 7-3-2　"新建"对话框　　　　　　　图 7-3-3　新建文档效果

（3）将背景层转为可编辑图层，如图 7-3-4 所示，在背景层的红色框内双击，弹出如图 7-3-5 所示的"新建图层"对话框，单击"确定"按钮即可新建图层，如图 7-3-6 所示。

图 7-3-4　背景层

图 7-3-5　"新建图层"对话框　　　　　图 7-3-6　新建图层

（4）执行"滤镜→杂色→添加杂色"命令，在弹出如图 7-3-7 所示的对话框中设置"数量"为"0.5%"，"分布"设为"高斯分布"，选中"单色"复选框，单击"确定"按钮退出。

（5）新建"图层 1"，如图 7-3-8 所示。选取画笔工具，设置"大小"为"150px"，"硬度"为"0%"，"不透明度"与"流量"均为"100%"的画笔，如图 7-3-9 与图 7-3-10 所示，在背景中央画上一抹白色柔光，效果如图 7-3-11 所示。

（6）将"图层 1"的混合模式设置为"柔光"，"不透明度"设置为"50%"，如图 7-3-12 所示，效果如图 7-3-13 所示。

图 7-3-7　"添加杂色"对话框

图 7-3-8　新建"图层 1"

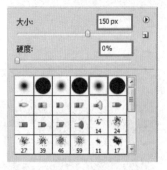

图 7-3-9　设置画笔的大小和硬度

图 7-3-10　设置画笔的"不透明度"和"流量"

图 7-3-11　在背景中央画
一抹白色柔光效果

图 7-3-12　设置"图层 1"
的混合模式与"不透明度"

图 7-3-13　绘制效果

（7）选取矩形工具组中的圆角矩形工具 ，在如图 7-3-14 所示的属性栏上设置圆角半径为"5px"，单击颜色方块，弹出"拾色器"对话框，修改颜色为"#3b5997"，如图 7-3-15 所示。

图 7-3-14　在属性栏上设置圆角半径

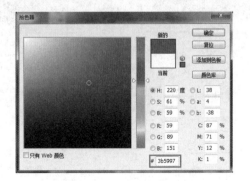

图 7-3-15　"拾色器"对话框

（8）预设圆角矩形固定大小为 80px×120px，在工作区中单击即可创建，如图 7-3-16 所示。

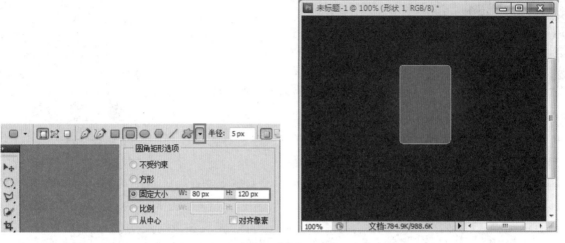

图 7-3-16　创建圆角矩形

（9）选取钢笔工具组中的添加锚点工具，在圆角矩形底边中点添加锚点，如图 7-3-17 所示。

（10）选取钢笔工具组中的转换点工具 ，将刚添加的平滑点转换为角点（此时锚点两侧的手柄消失），如图 7-3-18 所示。

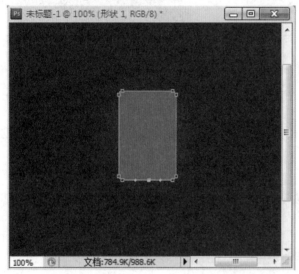

图 7-3-17　添加锚点

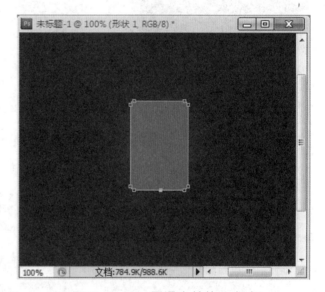

图 7-3-18　平滑点转换为角点

（11）选取选择工具 ，选择刚添加的锚点，按住【Shift】键的同时用鼠标左键往下拖动，形成如图 7-3-19 所示的效果。

（12）为上面的形状图层添加图层样式：描边和渐变叠加。具体的参数如图 7-3-20 所示，其中描边的填充类型为渐变，由 3 种颜色构成，从左往右分别是"#7796cb"、"#7b97c6"和"#324579"。

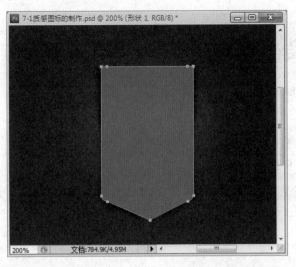

图 7-3-19　拖动图形效果

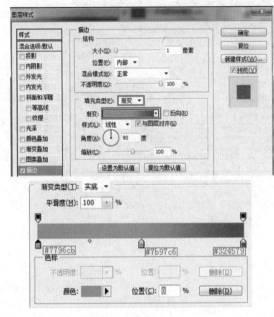

（a）描边参数的设置　　　　　　　　　　　　　　（b）渐变叠加参数的设置

图 7-3-20　添加图层样式

添加图层样式效果如图 7-3-21 所示。

（13）要取消路径显示，取消选择矢量蒙版缩览图（红色框内区域）即可，如图 7-3-22 所示。

（14）将文件保存并命名为"7-1 质感图标的制作"，如图 7-3-23 所示。

（15）新建一个 5 像素×5 像素、分辨率为 72 像素/英寸的文件，并命名为"7-2 背景图案"，设置"背景内容"为"透明"，如图 7-3-24 所示。

（16）单击铅笔工具 铅笔工具 ，绘制如图 7-3-25 所示的图案。

（17）执行"编辑→定义图案"命令，弹出如图 7-3-26 所示的对话框，在该对话框中为图案定义名称，单击"确定"按钮退出。

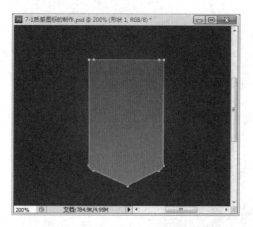

图 7-3-21　添加图层样式效果

图 7-3-22　取消路径显示

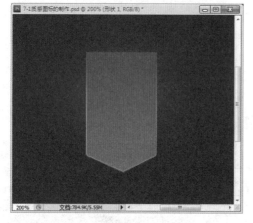

图 7-3-23　将文件保存并命名

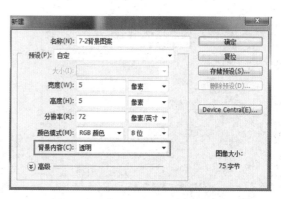

图 7-3-24　"新建"对话框

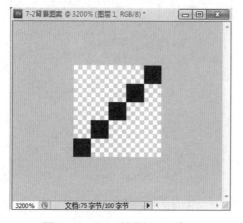

图 7-3-25　绘制图案效果

图 7-3-26　"图案名称"对话框

（18）回到文件"7-1 质感图标的制作"，为形状图层添加"图案叠加"图层样式，如图 7-3-27 所示。选择刚定义的背景图案，设置"不透明度"为"15%"，生成斜纹背景效果，如图 7-3-28 所示。

（19）新建"图层 2"，在"图层 2"右侧空白位置右击，然后在弹出的快捷菜单中选择"创建剪贴蒙版"命令。

（20）选取画笔工具，设置画笔"大小"为"60px"，"硬度"为"0%"，"不透明度"与

"流量"均为"50%",如图 7-3-29 与图 7-3-30 所示。在形状下方(红色框选处)从左往右绘制,效果如图 7-3-31 所示。

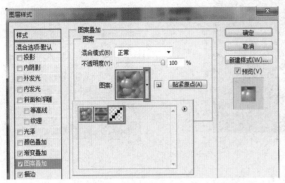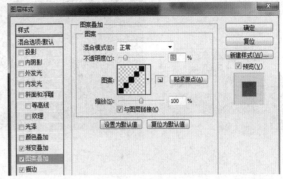

图 7-3-27 图层样式

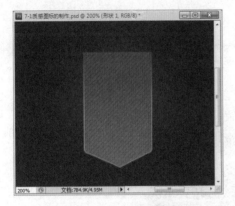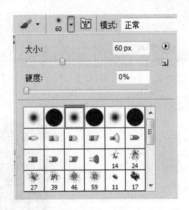

图 7-3-28 斜纹背景效果　　　　　图 7-3-29 设置画笔大小和硬度

图 7-3-30 设置画笔的"不透明度"和"流量"

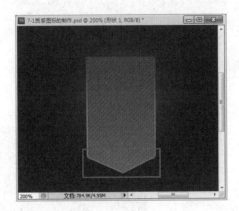

图 7-3-31 绘制效果

(21)将"图层 2"的混合模式设置为"柔光","不透明度"设置为"80%",效果如图 7-3-32 所示。

(22)新建"图层 3",在"图层 3"右侧空白位置右击,然后在弹出的快捷菜单中选择"创建剪贴蒙版"命令,如图 7-3-33 所示。

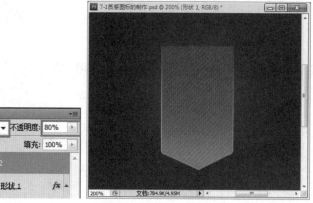

图 7-3-32　"图层 2"设置效果　　　　　　　　　图 7-3-33　新建"图层 3"

（23）选择渐变工具，按图 7-3-34 所示的参数设置渐变属性，然后按住【Shift】键由上至下填充渐变色，效果如图 7-3-35 所示。

图 7-3-34　设置渐变属性

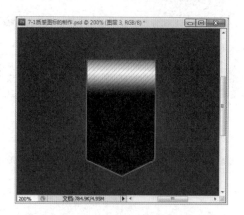

图 7-3-35　渐变效果

（24）将"图层 3"的混合模式设置为"柔光"，"不透明度"设置为"50%"，效果如图 7-3-36 所示。

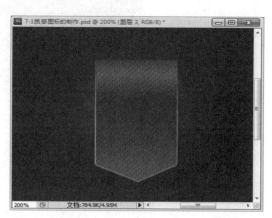

图 7-3-36　绘制效果

（25）新建"图层 4"，在"图层 4"右侧空白位置右击，然后在弹出的快捷菜单中选择"创建剪贴蒙版"命令，如图 7-3-37 所示。

图 7-3-37　新建"图层 4"

（26）在形状靠近顶部位置使用对称渐变，参数设置与效果如图 7-3-38 所示。

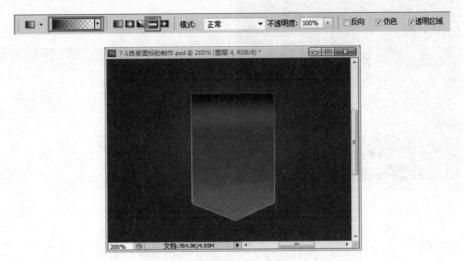

图 7-3-38　参数设置与效果

（27）将"图层 4"的混合模式设置为"正片叠底"，"不透明度"设置为"50%"，效果如图 7-3-39 所示。

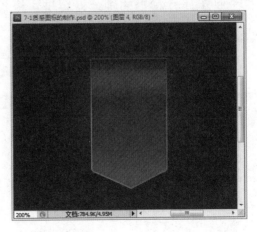

图 7-3-39　绘制效果

（28）利用圆角矩形工具制作缝线效果。选取圆角矩形工具，在属性栏中设置参数，如图 7-3-40 所示。

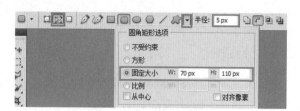

图 7-3-40 制作缝线效果

（29）利用添加锚点工具、转换点工具和直接选择工具制作如图 7-3-41 所示的路径（参考形状 1 的制作方法）。

（30）新建"图层 5"，如图 7-3-42 所示。

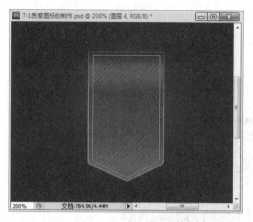

图 7-3-41 制作路径效果

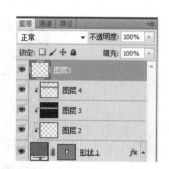

图 7-3-42 新建"图层 5"

（31）选择画笔工具，设置"不透明度"与"流量"，如图 7-3-43 所示。

图 7-3-43 设置"不透明度"与"流量"

（32）打开画笔属性栏上的画笔设置框，将画笔设置为虚线，参数与设置效果如图 7-3-44 所示。

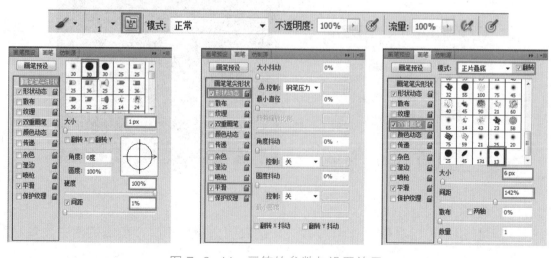

图 7-3-44 画笔的参数与设置效果

图 7-3-44 画笔的参数与设置效果（续）

（33）打开路径面板，选取工作路径，执行"描边路径"命令，弹出"描边路径"对话框选择"画笔"工具并单击"确定"按钮退出，如图 7-3-45 所示。描边路径效果如图 7-3-46 所示。

（34）利用橡皮擦工具擦除顶部的缝线，效果如图 7-3-47 所示。

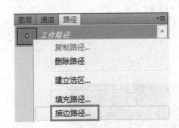

图 7-3-45 描边路径

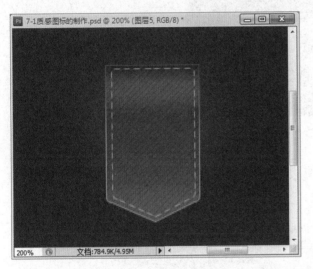

图 7-3-46 描边路径效果

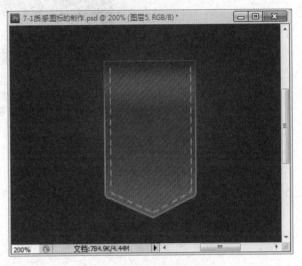

图 7-3-47 擦除缝线效果

（35）为缝线添加效果。打开"图层 5"的"图层样式"对话框，设置"投影"、"渐变叠加"和"描边"参数，如图 7-3-48 所示，效果如图 7-3-49 所示。

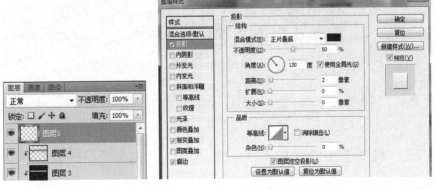

图 7-3-48 图层样式

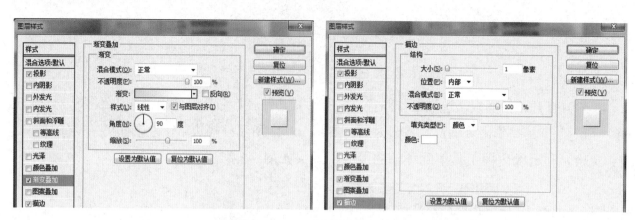

图 7-3-48　图层样式（续）

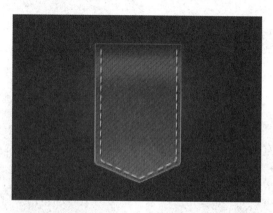

图 7-3-49　为缝线添加效果

（36）制作文字。单击"横排文字工具"图标，输入内容"一亩时光"，调整字符的样式、大小等参数，如图 7-3-50 所示。

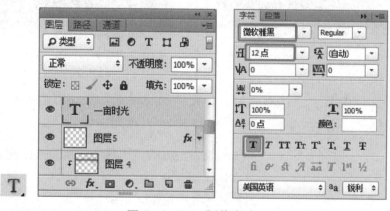

图 7-3-50　制作文字

（37）输入"1"，新生成"1"文字图层，并设置字符的属性。参数与效果如图 7-3-51 所示。

（38）制作投影。按住【Ctrl】键的同时单击"形状 1"的矢量蒙版缩览图，此时工作区出现选框。

（39）新建"图层 6"，为选框填充颜色"#000000"，效果如图 7-3-52 所示。

图 7-3-51　参数与效果

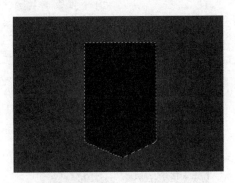

图 7-3-52　填充颜色效果

（40）为"图层 6"添加高斯模糊。执行"滤镜→模糊→高斯模糊"命令，设置"半径"为"3"像素，单击"确定"按钮退出，效果如图 7-3-53 所示。

（41）将"图层 6"移至"形状 1"图层下方，如图 7-3-54 所示。

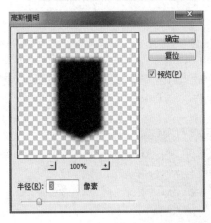

图 7-3-53　高斯模糊效果

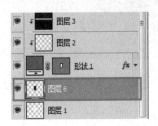

图 7-3-54　移动"图层 6"位置

（42）选择橡皮擦工具，具体参数设置如图 7-3-55 所示，将如图 7-3-56（a）所示的红色框选区域内的投影擦除，效果如图 7-3-56（b）所示。

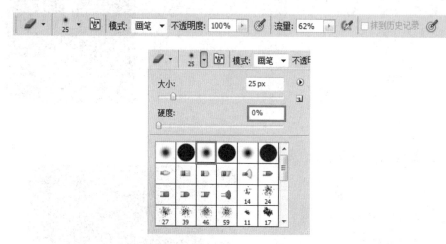

图 7-3-55　设置参数

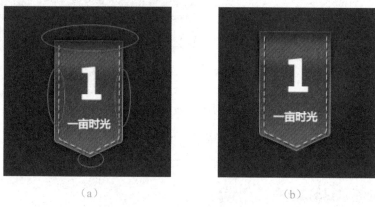

（a）　　　　　　　　　　　　　　　　　（b）

图 7-3-56　绘制效果

（43）新建"图层 7"，在"形状 1"顶部框选相应的区域，选择渐变工具并设置如图 7-3-57 所示的参数添加渐变，效果如图 7-3-58 所示。

图 7-3-57　渐变参数

图 7-3-58　渐变效果

（44）框选"形状 1"与渐变相交的区域，删除该区域内的渐变，效果如图 7-3-59 所示。

图 7-3-59　删除渐变效果

（45）选择直线工具。按图 7-3-60 的参数设置属性，其中颜色更改为"#515055"，在渐变条上方画出直线，画完后需要取消路径显示并微调直线的位置，质感图标制作完成。最终效果如图 7-3-61 所示。

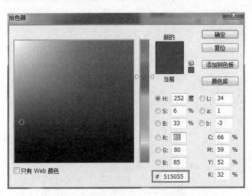

图 7-3-60　参数设置

图 7-3-61　最终效果

实战演练

请利用形状工具、滤镜、图层样式、色阶等工具和命令，完成"用户登录界面"的制作。文件大小：宽度20厘米，高度为20厘米。范例效果如图7-4-62所示。

主要操作步骤如下。

（1）新建文件，利用形状工具绘制出圆角矩形，并利用蒙版进行颜色的填充，形成药丸的效果。

（2）利用矩形工具，绘制出登录框、各个按钮；利用图层样式完成颜色及效果的制作。

（3）输入相关文字，进行字体及字号设置，并对文字进行颜色及背景的制作调整。

（4）利用画笔工具，绘制菜单栏的虚线效果。

（5）对药丸制作阴影及倒影效果。

图7-3-62　用户登录界面效果